LUCKY PEACH 福桃

唐人街

[美] 大卫·张（David Chang）　应德刚（Chris Ying）
彼得·米汉（Peter Meehan）等 著／肉桂卷 译

中信出版集团 · 北京

图书在版编目（CIP）数据

福桃 . 唐人街 / （美）大卫·张等著；肉桂卷译
. -- 北京：中信出版社，2018.7
　ISBN 978-7-5086-8885-5

　Ⅰ . ①福… Ⅱ . ①大… ②肉… Ⅲ . ①饮食 - 文化 -
中国 Ⅳ . ① TS971.2

　中国版本图书馆 CIP 数据核字 (2018) 第 086470 号

福桃　唐人街

著　　　者：[美] 大卫·张　应德刚　彼得·米汉　等
译　　　者：肉桂卷
出 版 发 行：中信出版集团股份有限公司
　　　　　　（北京市朝阳区惠新东街甲 4 号富盛大厦 2 座　邮编　100029）
承 印 者：北京华联印刷有限公司

开　　　本：880mm×1230mm　1/16　　　印　　　张：10.5　　　字　　　数：274 千字
版　　　次：2018 年 7 月第 1 版　　　　　印　　　次：2018 年 7 月第 1 次印刷
京 权 图 字：01-2016-9084　　　　　　　广告经营许可证：京朝工商广字第 8087 号
书　　　号：ISBN 978-7-5086-8885-5
定　　　价：58.00 元

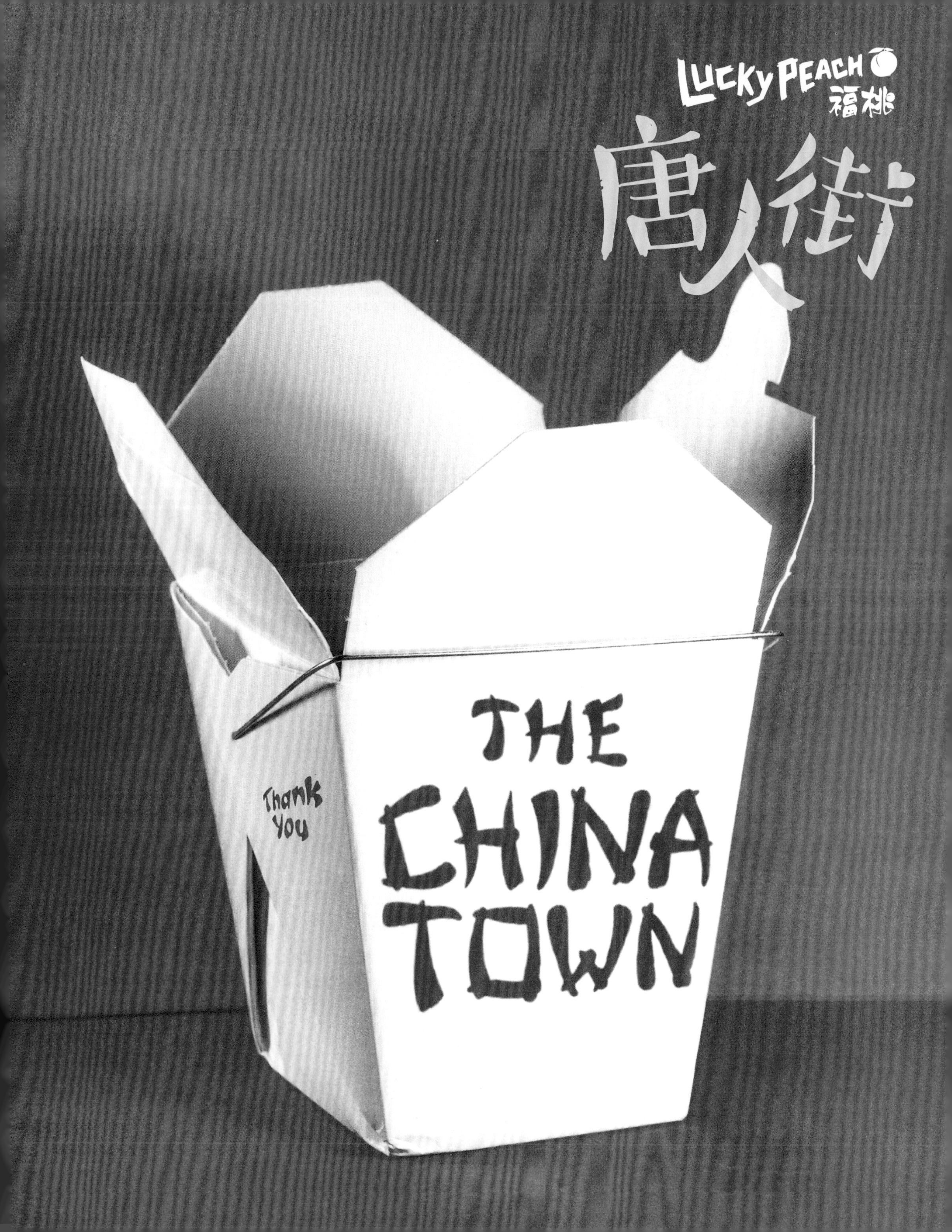
LUCKY PEACH
福桃
唐人街
THE CHINA TOWN
Thank You

LUCKY PEACH 福桃

目 录

方太智能蒸箱

蒸汽够大 温度够高 为家人蒸出健康美味

中式蒸箱创新者*

·发明专利ZL201210327073.2

CHINATOWN

主编的话

李 舒

虽然我总是不愿意承认，但如果在美国待的时间超过一周，中餐厅就成为我灵魂的唯一救赎。

是唯一，不是之一。

哪怕那些料理其实并不来自中国，但不知道怎么的，看见那些奇怪的炒杂碎、左宗棠鸡和云吞汤，我还是会充满感激地走进去。

我想，这就是唐人街的魅力。

同意我这种看法的，张爱玲算一个。1991年，她读了汪曾祺写的小说《八千岁》，忽然恍然大悟战时吃的"炒"炉饼其实是"草"炉饼，那种"干敷敷地吃不出什么来"的草炉饼，也引起她那么多的感慨。她写出了《谈吃与画饼充饥》，一看便是真正的画饼充饥。她疯了似的想念上海的美食，甚至跑到唐人街买华人做的葱油饼，这是她和姑姑从前最喜欢吃的早饭。"捡垃圾"的女记者翻到张爱玲的垃圾里有"几只印了店招的纸袋子。有一种刘记葱油饼标明了使用蔬菜油（素油）加葱花，橙色油渍透的纸片，用黑钢笔泊水写了葱油饼，一块九毛五，是老乡的招呼，两张饼盛在一只浅黄保丽龙托盘，她现在一定已经强迫自己戒食绿豆糯糍，南枣核桃糕……改吃一点儿葱油饼，极端的柔艳更形柔艳，在最后一点吃的自由上，极勉力与自己的牙齿妥协，真正的委曲求全"。前几年，我去洛杉矶时，在唐人街仍买到一张"刘记"葱油饼，不知道是不是张爱玲三十年前吃的那张，反正不好吃，葱干干的，油也并不香，但我还是对这张饼充满柔情，因为它曾经宽慰过我所喜爱的作家的乡愁。

中国人到了海外，似乎总是要找中餐。我手头有一张1903年美国旧金山保皇会宴请梁启超的菜单，炸子鸡鲨鱼皮竹笋炒口蘑，中间还有一道李鸿章炒肉，也许是用"李鸿章炒杂碎"的方式来做炒肉？

李鸿章炒杂碎是流行美国的第一道中国菜——1896年，安徽人李鸿章出使美国，宴请美国官员，宴席中便有烧杂烩。美国人吃得赞不绝口，便问菜名，不内行的翻译误作"杂碎"。这件事传扬开去，美国人居然把"李鸿章杂碎"做成了一道菜，甚至还发明了"杂碎"（Chop Suey）这个词。1903 年，梁启超在美国游历时，保皇会的"李鸿章炒肉"只是一个开端，他后来发现仅仅在纽约，就有三四百家杂碎馆，全美华人以杂碎馆为生者超过三千人。梁启超忍不住吐槽道：

"然其所谓杂碎者，烹饪殊劣，中国人无从就食者。"

谁让你们老请人家吃"炒杂碎"，肯定吃腻了。

但梁启超不知道，之所以以杂碎馆子为生，其实是因为没有办法。因为第一代华人的移民史，用一个字概括，就是："惨"。面对严重的种族歧视，要活下去，只有三个选项：回中国、洗衣工、厨师。被迫迁移到偏远县市的华人为了尽可能多地招揽白人顾客，迅速融入美国社会，难得有一道"炒杂碎"能够打动洋人的味蕾，不做，复如何？

然而，再怎么好吃的菜，叫你吃上 100 年，也总有腻烦的时候。就在"炒杂碎""菜老珠黄"的时候，1972 年，尼克松访华开启了中餐在美国的又一个黄金时代：中餐馆门口又排起了长队，人们也想尝尝周恩来为尼克松准备的国宴。

这样的中餐复兴，最先是从纽约开始的。1971 年，著名的中餐经营者唐迈克在纽约开了自己的第一家餐厅——顺利宫（Shun Lee Palace），当时担任主厨的 T.T. 王（T. T. Wang）被派到台湾学习。在台湾，他吃到了大厨彭长贵做的"左宗棠鸡"。

王大厨吃完这顿，念念不忘，于是，他把原来咸辣味的左宗棠鸡进行改良，变成更符合美国人口味的甜，一时掀起风潮，堪称当时的"网红鸡料理"。借着华人同乡会的神奇力量，左宗棠鸡很快就在不同的中餐馆出现了上百个版本。在一家斯普林菲尔德的中餐馆，主厨梁大卫创造性地加入了腰果，做成了与之类似的"腰果鸡丁"，甚至还引起了麦当劳的注意，希望能够拿到配方。而在合作谈崩的第二年，麦当劳叔叔就推出了"炸鸡块"……

有意思的是，1973 年，远居台湾的彭长贵听闻左宗棠鸡在美国成了"当红炸子鸡"，气得直跳脚。他马上打包行囊，登上了飞往纽约的飞机，决心要给那些偷师之辈一点颜色，顺便让美国人尝尝真正的左宗棠鸡。可是，彭长贵的左宗棠鸡"完全是湖南口味的——酸辣咸的重口味"，而美国人的味觉已经习惯了唐人街中餐厅端出的加点醋搁点糖的美版左宗棠鸡。最终，彭长贵铩羽而归。

这一辑 Lucky Peach，大卫·张和他的团队，带着对中餐的敬意，走访了许多中餐厅。大卫·张最为惊叹的，却是中餐厅的服务员，在他的眼里，服务员随心所欲地潜伏在餐厅任意地方，直到你朝她打个响指，告诉她你想好要吃什么了，并且马上就要。然后，嘭，你的桌上便堆满了食物，所有东西一下子都送上来了。

中餐厅的服务员对于烹饪和食物的了解远远超过你：如果你不会点菜，他则会帮你全部搞定；上菜了，他会走上前来，干脆地舀粥或汤，切开鸭肉，剔去鱼骨，切好鱼片，整个过程麻利迅速，说一不二——大概掌握上述技术的西方服务生用一只手都能数过来。

中国人眼里的外国中餐，是一道奇妙的风景。看完这期 Lucky Peach，你会发现在外国人眼里，它们一样有趣。

Smells

Those smells making you remember again
like a horse cart passing through the flea market
curios, fakes, hawkers'
wisdom covered in dust

and there's always a gap between you and reality
arguing with the boss
you see the ad out the window
a bright tomorrow, Tomorrow brand toothpaste

you are facing five potatoes
the sixth is an onion
the outcome of this chess game is like sorrow
disappearing from the maritime chart

嗅觉

北岛

那气味让人记忆犹新
像一辆马车穿过旧货市场
古董、假货和叫卖者的
智慧蒙上了灰尘

和你的现实总有距离
在和老板的争吵中
你看见窗户里的广告
明天多好，明天牌牙膏

你面对着五个土豆
第六个是洋葱
这盘棋的结局如悲伤
从航海图上消失

CHINA

REAL AND

唐人街

文：吉迪恩·刘易斯－克劳斯

真实和……想象

走在唐人街的破旧凌乱中，收获便宜实惠的樱桃……

TOWN
IMAGINED

一、四川菜

个寻常的日子，某经纪人让我跟他手下一个快要走红的乐队在附近一家复古的小酒馆会合。钻进车内，我们同时打开了手机导航，大概我们都不大确信对方能熟练操作自己的手机。他们听说在皇后大道上，有那么一家不同寻常的四川菜馆，于是前来尝试。这家餐馆在皇后区大学岬——不在曼哈顿唐人街，也不在法拉盛唐人街，而在形似半岛的法拉盛卫星城。

车上所有的人心里都跟明镜儿似的——包括酷酷的乐队和我——整个计划不过是乐队经纪人搞的噱头，让他的乐队登上一本还算时髦流行的美食杂志。乐队并非急于获得更多的杂志新闻曝光；而且我没有写出

乐队名称的部分原因在于他们看起来都是真诚的好人，我不想他们因此遭受不可避免的反对和谴责。本期写的是唐人街，以及唐人街在文化想象中所扮演的角色，尤其是在白人眼中关于唐人街的文化想象。唐人街曾被认为是藏污纳垢之地，尽管此等污名早获平反，唐人街仍带有一种神秘的诱惑力。如今，关于唐人街更重要的是它与外部世界沟通的挑战，和与平常的泛文化的持续远离。我接受了经纪人的邀请，陪同乐队前往郊区，虽然其中有个小小的失误：她在电邮中邀请我们深入皇后大道了解"四钏菜"。我即刻发邮件给编辑：我们可以向美国人民放送一个大新闻吗？下一个美食狂潮将是"四钏菜"！这个词听起来像是爱斯基摩口技表演家钟爱的料理。我简直可以写一篇封面报道，因为我们正处于重磅新闻的前线。

很明显，那只不过是个错别字。总之，我从来没有采访过名流，更别说是一群真正一流的名人了。我所有能想到的手段大概是向他们展示，我对一般记者会提出的问题一点也提不起兴趣。他们似乎很喜欢我对信息挖掘的冷淡态度。沿着罗斯福大街，我们一路向前，穿过一连串金属遮阳篷下的喜马拉雅、尼泊尔、厄瓜多尔美食铺子。过了一会儿，他们终于发现，我并没有提出任何具有实质意义的问题，开始怀疑我此行根本是漫无目的。他们完全有权这么猜测。于是这个乐队试图侦查出我采访的角度。我便说了实话。

"好吧，是这么回事。我们生在一个信息贬值的时代。信息已经不能很好地区分人群；现今我们可以用各种简便的方法获得信息，我们的文化地位层次因此变得复杂。比如，过去

如果你了解某种冷门的音乐或超棒的食物，那你就是个人物。但是如今每个人都可以随时随地获得想要的信息，我们只需要快速搜索资讯。我们的身份取决于是否是翻转石头的第一人。"这段话里还隐藏着另一层意思，这个乐队、他们的音乐、他们的身份和地位都只是典型白人世界传播周期的产物。

"因为互联网。"

"是的，因为互联网。所以对唐人街这种地方的迷恋兴许是由于它在某种程度上还是人们无法企及的，接触和讨论唐人街都还处在混乱的边界。又或者是因为关于唐人街的信息少之又少，所以对唐人街的向往超越了对它了解的程度。这不像是电影《唐人街》里的经典台词'这就是唐人街，杰克'展露的种族歧视，暗示唐人街的无法无序、不可预测，而是在一个每个人都几乎知道所有事情的年代，唐人街所表现出的不屑一顾和含糊暧昧。在唐人街，你还是看不懂指示牌上的文字，物价依旧低廉，你发现你反而更加难以适应了。它像是一片顽强的抗战区，抵抗我们老辣的洞察力和庞大的知识结构。我也讲不清楚，就是一片拥有许多没被翻转的石头的孤荒之地。"

有个乐队成员一脸愁容。"你要把我们描述得像食物挑剔者吗？我们不是。我们只是喜欢以自己的方式出门，在奇怪的地方寻找怪异的食物。我们并没有为此大肆挥霍或怎么样。"

"不是，我不是这个意思。我描述的是一种相反的食物挑剔者，愿意去做最脏的事情，令人不舒服的事，互联网不能完成的事。在最偏远污秽的地方吃最恶心的食物。"

一名看起来像是乐队官方发言人的成员看起来自信满满："我觉得就像是在比赛谁更恶心。我们在东南亚的时候，一位朋友点了一份蟑螂三明治。每次都要嚼上个五分钟才能把其中一只蟑螂吞下去。"他停顿了一下。"但是，我不确定是否赞同你关于信息的看法。不管怎么说，你还是得知道谁是可信的，去哪个平台或渠道发布信息。此外还有信息分辨的问题，就像信噪比。"

我们到达的时候才下午6点，餐厅里空荡荡的，除了经纪人早早在远处的桌子边等我们。她一直给我发信息抓狂，抱怨我们从地面开车而来。餐厅的墙壁毫无装饰，除了几幅画着张开鼻孔的马的象征主义死藤水油画。我们开始点菜，并要求做到真正的辣，而不只是"鬼佬辣"。我确定那个乐队成员用了"外国佬"（含贬义）这个词，并非"鬼佬"，不过大家都听懂了他的意思。空荡的餐厅响起我们说话的回声。服务员向我们力荐店里的"独家时蔬"——丝瓜。看起来像是一根海绵黄瓜漂在某种黏液上。我们毫无疑问一致认为这道菜"还可以"，大家都不喜欢黏黏的汁水。我们从各个角度讨论了胡椒、红辣椒，来显示对眼前的食物的熟悉程度，讨

论它们在别的唐人街或中国分别是怎么被烹饪的。

我们围坐成一圈，随意闲聊，桌上的川菜开始凝结。他们说终于攒够钱买一辆客车，不用再坐货车，期待以后可以更加舒适地出行。但是同时也有点伤感，因为他们将错过只有货车旅行才能经历的狂野故事：货车上可以放个冰箱，储存鹰嘴豆泥和迷你胡萝卜；可以睡在折叠床上，虽然这意味着要错过公路边的汽车旅馆和当地的快餐店。除了四处奔波、调音、演奏，他们在路上几乎做不了别的事。美食就成了他们路途中少有的调节手段：吃饭是必不可少的，所以如果他们不能在城市里观光，比如墨尔本，至少还能够在必要的饭点找一家四川菜馆放纵一下，没人知道他们是名人。在很长一段时间里，挑战每一座新城市的餐厅是他们工作之余唯一可触碰的消遣。我很抱歉称他们为反向食物挑剔者。他们跟普通人一样：厌倦工作，便开始培养对美食的兴趣。这是工作之外最方便的事了。顺便一提，这家四川菜馆口味尚佳，店名是"小辣椒"。

二、英国人的秘密，第一部分

当类似爱斯基摩口技表演家专用料理的四川菜渐渐凝结，细腻温柔地串联起美食和工作的故事，我再次四处寻觅，希望找一个人，创造

一段远离日常生活的唐人街经历，褪去那股看起来像是破产潦倒的白人的贪婪之气。

那个英国男子约我在一家榴梿摊前碰面。显然，他掌握了许多神秘知识。他在香港长大，有一群吃货朋友和人脉。他用自己的名字做邮箱地址，那个名字很常见。

他接受了我的邀请，前提是要求匿名。我建议他使用假名，他表示拒绝。他觉得在无意识的状态下选择的假名会不小心透露自己的真名。我说你似乎有着极为活跃的潜意识。所以我才在唐人街混得风生水起，他回答。我说你应该试着捉弄一下你的潜意识。他表示以我们目前的关系还不适合玩黑色幽默。你可以叫我"希瑟／克利斯朵夫·蒂尔尼"，他说，试着扭转尴尬气氛。我问他为什么。他说希瑟和克利斯朵夫·蒂尔尼和唐人街格格不入，这对英雄姐弟在美国有史以来最危险的唐人街弯道上开了一家酒吧和餐馆。

希瑟／克利斯朵夫·蒂尔尼和我朝南前进，他问我有什么特别想看看的。很久以前我读过一篇文章，讲述了某人寻找非法山竹果的经历。最后一个驼背老人带他走下潮湿简陋的楼梯，撬开一个秘密木板箱子的盖子。"你知道谁在卖山竹果吗？"

"我认识一个卖水果的，他实在是小气，跟《宋飞正传》里的汤纳粹没啥两样，简直就是水果纳粹。你不能触摸他的水果。告诉他想要什么，

然后他替你挑选。我们可以去瞧瞧他那儿有没有山竹果。"

我们往东转，然后继续向南，找到那个水果哥。他的手臂肌肉发达，呈紫红色，穿着一件肥大的背心。希瑟／克利斯朵夫·蒂尔尼不知道山竹果用广东话怎么讲，所以我们压低声音，用英语问他哪里去买山竹果。

"山竹果是合法的。"他说。于是我们在手机上查看。原来山竹果早在2007年就合法了。没有找到对山竹果里的果蝇恐慌的信息。

"怪不得我总是在运河大街上看到山竹果。"希瑟／克利斯朵夫·蒂尔尼说。水果纳粹递给我们一个卖相上乘的葡萄柚，但是我们不想要卖相上乘的葡萄柚。希瑟／克利斯朵夫·蒂尔尼转过身来对我说："我可以请求他带我们下楼，观赏装在木板箱子里的大熊猫。"

"你这是在取笑我吗？"我说。

"可能是吧。"

"不是我的错。"我说。"全怪我的编辑。他一直给我转发悉尼时髦美食作者的邮件，描述中餐厅里的'恶棍毫无节制地服用一瓶瓶添加了克他命的疯狂的天然卢瓦尔河齿轮'，还有那里人声鼎沸的深夜赌场。那家餐厅的粥类菜单只在晚上10点以后才能点击。我不懂什么叫点击菜单，而且我只在早上喝过粥。什么是'疯狂的天然卢瓦尔河齿轮'？"

"我不知道，"边说着，他抱住了我表示安慰，"但是我能帮你找一家

赌场。我们先去那里吧。"

我们继续朝南，然后转向西边，试图进入一栋建筑，那里曾是一家未登记的戏曲公司，只在晚上营业。希瑟／克利斯朵夫·蒂尔尼猜测，他们可能违反了噪声管理条例。

"门锁上了。"希瑟／克利斯朵夫·蒂尔尼说，"我们进不去。"我们站在破旧的楼梯上，笼罩在朦胧的黄色光晕中。新泽西看起来像是在燃烧。他低头看自己的脚。"好吧，那，地下赌场，"他说，"标牌上写着什么南美理发。"

我们向着路灯朝南走，转进旁边的小巷子里，小小的雨篷上写着理发店。希瑟／克利斯朵夫·蒂尔尼说他不想沿着楼梯往下走。他怕里面的人还记得他。但是我必须进去一探究竟。他给出一个内行人的建议：我应该跟人家说我想要理发，还要问问理个发要多少钱。但是我想看他们的秘密房间，如果能偷偷进去的话。

我走下楼梯，再次推门，门撞到栅栏上，传来嘎嘎的摩擦声。一个穿着工作服的理发师坐在标准理发椅子上，头顶是一盏荧光灯。配置太标准了，我心想。他正在修剪一位老人泛白的头发，那位老人穿着脏旧的白色衣服，不过他的头发看起来并不特别需要修剪。他们同时抬起头来看我。他们身后是另一个空着的理发椅子，半朝着背后墙上的镜子，镜子下面有一块破洞的护墙板。两扇通往另一个房间的门虚掩着，我偷偷地向里面窥

视。伴随着轻柔的噼里啪啦声，四个老人同时抬起头看我，我已经记不得他们头发的长度了。我结结巴巴地问他们剪个头要多少钱。后面房间里的另一个人回答说五美元。那个假理发师说了句广东话。后面房间的男人起身站到门口，对我说："他说他不擅长理卷发。"我说那我以后再来。听起来很心虚。我沿着生锈的楼梯爬回地面。

"你看到赌场了吗？"希瑟/克利斯朵夫·蒂尔尼问我。

"是呀，有人在打麻将。桌上有许多零钱。估计他们的赌注很小。"

"所以这里还是赌场。"他说，"他们仍旧在里面赌博，我说的没错。"我感到一丝罪恶，一时间希望里面的赌徒能玩得更猛烈些。或者我一开始应该撒个小谎，说他们的赌注大得惊人。

我们出门，走进唐人街的夜幕中。来到另一条街，那里有一家大型殡仪馆。我们在一家丧葬用品店门口停了

下来。透过大门，我们可以看到纸质的物品，可以烧给逝者。希瑟/克利斯朵夫·蒂尔尼发现纸轿车里的司机和纸房子里的佣人、厨师都是白人。

"我知道我本应该向你展示罪恶的事、不为人知的秘密，或之类的，但是这是我喜欢唐人街的原因——你能够花8美元买一个纸糊的iPad，在葬礼上烧给别人，他们就能在死后也玩一玩《愤怒的小鸟》了。我知道你想挖掘堕落和可怕的故事，很抱歉让你失望了。"

说得没错，我被强烈要求披露一些阴险黑暗的逸事。但是现在我很难过，原来他为了迎合我的需求经受了这样的折磨。我多么希望我没有把悉尼克他命的邮件告诉他，多么希望我压根儿就没收到过克他命的邮件。我们转过街角，他手指往上指。"看到了吗？"一张招牌上写着"做一切糖霜：你想得出，我们烤得出"。"我喜欢这样的唐人街，你可以把你的梦想

烤出来，比所谓的秘辛有趣多了。"

我们踏上多耶斯街，朝着"血腥之角"走去，这里发生过多起凶残的帮派打斗。一名执法人员曾说，"血腥之角"大概是经历过美国历史上最残暴的杀人事件的交叉路口。如果你研究一下地图，你会发现这条街实在不起眼。没有它，曼哈顿照样能完美地运转。电影《纽约黑帮》里的赫伯特·阿斯伯瑞说这是一条"疯狂的街道，无须找任何理由为它洗白"。这是一条多余的、罪恶的谋杀之街。

当然，现在这个血腥角落出现了两家热门去处，都是由希瑟/克利斯朵夫·蒂尔尼姐弟经营的。两个地方都没有指示牌，躲在不起眼的角落，已经成为附近公开的秘密之地。希瑟/克利斯朵夫·蒂尔尼指向街上某一家店。"我称它为化学家，这是我能想到的最好的昵称，来替代它自命不凡的店名。"

店里的装修风格看着既像个鸦片

窑，又像是古代的药房：消毒过的污秽用品搭配奢华的古董家具。如果真要说出个所以然来，由于店里展示的鸦片窑约莫有 130 年历史，我觉得这家店就是复古风格的。即便仅是待在这个地方，希瑟 / 克利斯朵夫·蒂尔尼已经感到不适。隔壁楼梯下面是这对姐弟开的更新的店——一个宽敞的墨西哥草棚，提供他们所谓的墨西哥街头小吃。

当我们返回谋杀之街地面上，希瑟 / 克利斯朵夫·蒂尔尼勃然大怒。"为投资银行家们开一家并不私密的鸦片窑，现在又加上楼下这个贵得惊人、不择手段、魅惑十足的热带凉棚。都是种族主义！都是臆想懒惰、被鸦片腐蚀的中国佬和墨西哥乞丐。我们捏造并宣扬其他文化中不爱劳动的形象，希望他们能提供我们想要的腐化。但是所有关于腐化的臆想，都是对灵活的中国佬的种族主义！"我喜欢他这种跑题的精神，不过还是把他拉了回来。"无论如何，确实，或许某段时间这里有着别的地方不能获得的腐化的机会，不过现在几乎百无禁忌了。你随时都可以选择腐化。"

20 世纪 90 年代，希瑟 / 克利斯朵夫·蒂尔尼就在唐人街晃悠，他见识过的腐化不免乏味、具有当地特色：没有酒水许可证的酒店、保护费、无卡拉 OK 许可证的地下唱吧。我以为说到地下唱吧他只是在开玩笑，也不想追问，毕竟他当时已经心浮气躁。

"有个地方，一家马来西亚餐厅，

如果你用广东话跟他们对话，他们会把你带到地下二层，那里有个小型的卡拉 OK 机。你可以花 12 美元购买六罐装的喜力啤酒，还可以买下整瓶轩尼诗，大概 20 美元。我们唱了几首歌，被店主鄙视了。直到我们开始大吼辛纳特拉的《我的路》，他们觉得不堪入耳，就把我们赶了出去。不过，那时候已经是清晨 6 点了。很不错。很过瘾的一晚。我不知道我是不是还能再找到那家店。"

三、最后的真实的唐人街

我没有找到唐人街秘密的腐坏的一面，但还是坚持认为它是另类的、不和谐的。有总体上的不和谐感。它轮廓分明，明确地拒绝外面的人消费它、揣测它。我环顾四周，找寻最真实的唐人街。最后，我想到了加州的洛克镇。于是，拖着我的编辑一起前往。

洛克镇是美国乡村遗留的最后一块准中国人割据地，坐落在萨克拉门托河三角洲。奔腾的河流经过大片沼泽，穿过萨克拉门托、斯托克顿、安蒂奥克三地。1915 年，附近沃尔纳特格罗夫市的中国人聚居地被烧毁，于是人们迁移至此，洛克镇由此诞生。淘金潮消退和跨州铁路竣工后，多数在美华人都移往乡村地区，他们开垦田地，开始从事农业种植。他们面临极端的反移民情绪，生活在封闭、自

给自足的群体中。

此时，加州的温度为 16.67 摄氏度，三角洲的温度则高达 41.67 摄氏度。洛克镇安静地蜷缩在田埂尽头，建筑多由木板条建成，以抵抗酷热。在主道路的那端，约莫有十几个中年中国大巴游客在纪念学校门口拍摄孙中山的半身像。和大部分定居在洛克镇的男男女女一样，孙中山也来自珠江三角洲一带。介绍牌上写着孙中山不只一次——而是两次——漂洋过海演说筹集资金。洛克镇的民众也为国民党的辉煌做出过贡献。

倾斜的木质阳台下方的人行道高低不平。许多楼房都挂出广告出租第二层楼。正在营业的店铺并不多，不过有一家华人康复中心——艾灸和针灸，丹尼尔·T. 托马斯——的招牌上写了午后会有人过来开门。另一张招牌指向一个募捐站，救助洛克镇的流浪小猫。

旧货店的橱窗里展示了一本《我看见红色的中国》，和几张印着红色大门的艺术明信片。一摞年代久远的小说《水鬼》放在促销架下，架上是 20 世纪 20 年代的书籍和鸦片贸易故事。我在一个箱子里不断翻找，发现一本价值 85 美元的《三角洲的饭碗》，是加州大学洛杉矶分校考古研究所出版的不定期报第 16 期（98 页，12 张图表，143 幅图）。书里提到研究人员造访几处垃圾坑，对那里的碎陶瓷片进行分类。找到的陶瓷碎片总数为659 片，大多数呈冬青色，带有蓝色

釉下彩，有趣的是，其中一些碎片来自腐败的"犯罪工具"：鸦片烟斗，碎片，1块；鸦片罐，8个；鸦片灯，1个。我问我的华裔编辑他的先人是否留给他一套珍贵的鸦片灯。此外，还有：切肉刀，1把；玩具碎片，1片；釉面酒瓶，53个。

旧货铺隔壁是洛克镇里三个博物馆中最早成立的一家，介绍了三角洲地区的中国文化历史，不过不知怎的，看起来就像是那个旧货铺的翻版，就是物品陈列稀疏了些，还少了些当地捕鱼指南。博物馆在一栋古老的帮会大楼里，天花板很高；帮会一直以来都同时扮演着市政机构、俱乐部和犯罪组织的角色。这里的展品有装过根汁饮料的空瓶子，一台老式洗衣机，三个巨大的烹饪坑，里面放置了黑乎乎的炒锅，墙上还钉着一件破损的旗袍。入口处的桌子上，一副麻将牌堆起了摇摇欲坠的堡垒，供游人欣赏，旁边还有几份毫不相关的带框的文件。那里还有几本最近的《中山华侨》杂志——洛克镇的华人来自珠江三角洲一带的中山地区，该地区面积是美国罗得岛州的一半，官方发布的当前人口数超过三百万——不过杂志里除了广告，大部分内容都是当代中山杰出人物的宣传图片。你可以通过文章标题里的职称顺序了解这个人物整个生涯的历程。一名中年中国男子随意地摆正了桌子上陈列的麻将牌。离开的时候我向他表示感谢。他转过头，用广东话跟他的同伴，一名老年妇女说了些什么。

"我觉得那个人不是这里的工作人员，"编辑说，"他应该只是个游客。"

"但是他触摸了陈列的麻将牌。"我的语气像是发牢骚。

"我可没说他是个高素质的游客。"

沿着街道往前走可以找到几扇用锁拴住的谷仓大门，门后面就是大佬赌场（1916～1950）。玻璃下陈列着多米诺骨牌，一本复杂的游戏规则概述。墙上的海报有趣又带着鄙视的口吻："三角洲地区的赌场有很多作用，包括——那还用说——赌博。"这家赌场从来没有被搜捕过，虽然曾经有警察试图让假扮警员的黑人闯入，这里不仅是一个金融机构，同时也是慈善中心：向当地银行放贷，为教堂募捐。赌场的整体装修美学类似"合理的推诿"：喝水用精美的陶瓷杯，赌博时按下不同的按钮。此等策略令这个赌场舒适宜人，感觉像是小女孩的午后茶会。甚至连长长的老式铁质烟杆都用旧报纸细致地包了起来，以防止磨损。不过这里的舒适设计在功能性上不甚突出：金属板上铺了一层木屑，充当痰盂——木屑会在夜晚一并焚烧，经营者还将砂纸条粘在桌子下面，方便赌徒们点燃火柴。

由于那段时间我们勤快地研究了鸦片烟枪的碎片样本，我们径直朝远处那幅精致的毒品透视画走去。墙上的这幅画似乎传达出合理的、先发制人的愤怒。比如，很长时间以来，不管是通俗读物还是学术出版物，都错

误地认为那几个药罐子是鸦片罐子。"鸦片，"这张海报仿佛嗤之以鼻，"不是放在罐子里的。"自此，墙上的海报文字变得更为激愤，仿佛对那些渴望找到卑劣内容的游客愈发厌烦，甚至痛恨中国人自己未曾活得更加糟糕又有趣。在博物馆前方，匿名策展人煞费苦心地描述了牌九的赌博策略和机妙。继续走到房间后方，我们看到海报上描述了中国彩票的规则是多么沉闷乏味，赌注有多低。彩票盒子旁边的小卡片提醒游客，不要转动盒子外的曲柄，虽然在我看来实在没什么必要。这时，先前那个博物馆里遇到的可怕游客——把玩禁止触碰的麻将牌、用广东话咕哝咒语的那位——突然出现在我眼前。

他一边盯着我看，一边转动装在球盒子上的曲柄，似乎在阻止我说话。

"那家伙可真是个混蛋。"我对我的编辑说。"或许你才是混蛋，他只是根据我们的表现做出反应而已，"他回答，然后指着墙上最后一张海报说，"中国人活在一半旧时代一半新时代里，他们为自己、靠自己活着，既遵循着自己古老的民族传统，又适应着新世界的规则。"

我们晃悠着走出寒冷无窗的赌博仓库，回到街上，炽热像厚衣裳一样包裹住我们。我们开始寻觅，除了那位可怕的游客，还能跟谁说上话。最后，我们躲进一家古玩店，里面布满了灰尘，摆放着脏兮兮的玉龙（该死的作者一开始居然写了"开裂的玉

龙"——上述提到的编辑），还有变形的满族帽子，有点像圆圆的犹太帽，挂着假长辫，象征着对帝王的忠诚。

前香港人克拉伦斯·朱自20世纪70年代起就经营这家店；一开始是理发店，然后成了台球厅，现在成了纪念礼品店，面向中国大巴游客，他们来此循迹自己的先人是如何在布满灰尘的新世界一角生存经营的。朱先生同时也负责早晚开关博物馆，理论上也有权处置那些犯规的游客。朱先生遗憾地告诉我们，中心地区唯一一家中餐厅正在放暑假，暂停经营。最近的一家是位于艾尔顿的"菠萝"中餐厅，我们来时路经这家餐厅。他告诉我们他刚刚将一车中国游客送到那儿。大概就是我们刚到那会儿见到的那群人。

洛克镇的后街小巷中散发着凶猛野猫的臭气；作为一种图腾，门梁上挂着装满沙子的塑料瓶子，杂草丛生的地面上横放着破旧的沙发。唯一显示中国人存在的标志是一条英俊的狗。我们一路跋涉回到主道路上，走进唯一开张的店铺"南欧人"餐馆，躲避炎热。女服务员和烤架旁的点单小哥都是中国人，但是菜单上只有牛排和招牌菜：黄油炸吐司。一块牌匾上手写着汉字"店"，倾斜的木质吧台上方悬挂着几盏中国灯笼，灯笼下排布的是调料，除了盐、辣椒、番茄酱，还有盖碗中的花生酱、杏仁菠萝果冻。"南欧人"成立于1933年，最初是一家赌场兼毒品店，后来有一段时间演变成赌场兼冷饮店，之后又改成舞厅兼邮局。现在，它只是一家小吃店，为你的黄油吐司提供花生酱。

返回旧金山的途中，我们试图追赶上那群前往"菠萝"餐厅的中国游客，不过当我们到达"菠萝"，服务员告诉我们那天并没有什么旅行团光顾。我们点了牛肉炒面、芝麻鸡和清炒芦笋——向本地菜致敬。我们询问那位看起来还是青少年的女服务员，在三角洲地区长大是什么样的。她说，这里的人越来越少。几分钟后我们才明白，她指的并不仅仅是华裔。

四、真假唐人街

在找寻唐人街最反叛的一面的同时，我意识到我们该停止抗拒它最为明显的特质了。我和编辑一起回到旧金山，报了一个步行游览团，以公开的游客身份来解决眼前的难题。

导游琳达告诉我们参团的有九个人，唐人街是旧金山排名第三的景点。她环视了一周，等待有人接过话茬，问她最受欢迎的前两个景点是哪。过了一会儿，一位来自温哥华的年轻男子上前一步。我已经记不清他叫格里芬还是佩顿。琳达在他淡黄色的头上轻拍一下，然后回答说是渔人码头和联合广场。

根据卢克·桑特的《卑贱人生》（Low Life）一书中的描写，纽约的富人参加唐人街后鲍厄里风格（鲍厄里是纽约市的一条街，充斥着低级旅馆和廉价酒吧）的腐败之游时，会在两颊贴上假胡子，以进入危险的好色之徒的角色。我开玩笑建议我们也这么干。于是我们就这个具有大智慧的议题展开了讨论，认为我们可以每人戴一边假胡子，然后贴胡子的那面朝着外面，脸贴着脸列队行走。我的编辑说，他不想在那些会在假期给他提供猪肉的人面前出丑。于是这个主意流产了。

当我们在一个小型的水泥公园集合之时，我们大多数人都表现得泰然自若。这里看起来很有中国味，就像是一个真实可怖的中国公共空间：老人坐在长椅上，还有一些蹲着，在烟雾缭绕中打扑克牌。唐人街比美国更像这个世界的一点是，无论何时，大多数男人都随意地蹲在地上。琳达告诉我们，精明的广东人善于喂饱淘金人，洗衣女工在洗衣房的窗口用各国语言歌唱，很多人现在还住在唐人街。全家人委身于一个单人间，一个房间可以容纳10个人，直到他们攒够钱，去圣何塞买一套3室或4室的房子。唐人街的人均年收入只有1万美元，但是他们都很节省，实现圣何塞之梦并不是遥不可及的。搬到圣何塞之后，他们还会回到唐人街购物、闲聊。这样的故事也在我们的导游琳达身上发生，整场旅行中，她几乎不买任何东西。琳达出生于唐人街，说话带有轻微的口音："建筑"读成"金筑"。

关于节俭和圣何塞相关的部分结

束后，琳达带我们进入明显她最喜欢的部分：化身为一名中医医生。她检查了我们所有人的舌头，用含糊的语言诊断为气血不调，接着从她的提包里拿出一捆晒干的动物中药，展示给我们看。其中有一只鹿腿，用来治疗关节痛，还有一只干壁虎，像棒棒糖一样穿在一根棍子上，可以治疗感冒。我们快被恶心到了。琳达扎好这捆药材，又打开了第二捆。"这里有一包胎盘干，可以防止产后抑郁。看起来就像大米脆饼。詹纽瑞·琼斯就吃掉了她的胎盘。我还有恐龙骨，湖南村民用它治疗失眠症。如果你们找不到这些药材，也可以煮蝎子或蜈蚣服用。"她又开始从袋子里找寻令我们反胃的东西，不过我们整个旅行团的人都被她展示的物品的种类之多所惊诧。恐龙骨粉、鹿腿、动物阳具，都跟染发剂、指甲油放在一起。

回到街上，琳达收回她的胎盘，拿出一张地图。旧金山的唐人街虽然只有 20 个街区，但是有 40 条小巷子，她对我们说。最滋润的生活在巷子里。我们走进一条巷子，寻找第 20½ 号的福饼工厂。这里的大多数工厂都不在了——甚至连血汗工厂都不见踪影，她说——但是他们仍旧生产福饼，还有"色情"款的。

游客把工厂窄小的门廊围得水泄不通，琳达只能带领我们从工厂外面绕过，前往下一个目的地。很快，我们并肩站在了一排发亮的装置面前，琳达问我们谁知道这家是什么店。我们都一头雾水；琳达放眼望去，目光落在了我编辑身上。我不清楚她是否在刁难他。编辑略带犹豫地回答，这是一家丧葬用品店。一两年前，我们曾将漂在水上的中国灯笼气球作为生日礼物送给他，还大言不惭地嘲笑他的祖先。我迫不及待地想进去看看；纽约市内的那家店还未开张，我想知道让死去的亲戚继续活在纸糊的电器中需要花费多少钱。

事实证明，想让你爱的人继续活在时髦又富足的永恒之中，是要花大

价钱的。纸糊大庄园标价 128 美元。一个没有无线网卡、电源的小电脑和一个可拆卸的电脑桌面价值 38 美元，配司机的白色小轿车售价 45 ~ 55 美元。此外还有纸糊假牙和香烟，作为一个套餐出售，以及各种各样的药袋子，里面装着中药和西药，以保证在死后的日子里不得病。

走出丧葬用品店，琳达用手指向我们头顶的窗户，一位妇女正透过薄棉窗帘布向一家杂货店叫喊。我问她在喊什么，琳达说她们在为樱桃的价格争吵。前一天，宾莹樱桃的价格还是 1.79 美元一磅[1]，现在竟然涨到了 1.89 美元。琳达说，价格最高可以卖到 3.79 美元。琳达在农产品优惠顾客名单之中。通过她，花 4.1 美元，你就可以得到 10 个小牛油果，朝鲜蓟 20 美分一个，鹌鹑 1.75 美元一只。

我的编辑停下来，买了些樱桃，

---

1 编者注：磅，英制质量单位，1磅合 0.4536 千克。

虽然每磅比昨天贵 10 美分。"在唐人街之外你绝对买不到这么便宜的樱桃。"他说。"你怎么不给你母亲发消息？"我说。"也许吧。"他回答。他告诉了他母亲樱桃的价格。她的回信并没有明显反对。于是他心情大好。

我们朝北行驶，来到斯托克顿街。琳达对格兰特大街不感兴趣——"我再也不需要写着'I love SF'的 T 恤衫，或熊猫帽，或者人造玉锦鲤"——到了与之平行的斯托克顿街，她再也挪不动脚。在斯托克顿街上，你可以在同一个地点买猪肉排骨、打钥匙、挑选牛鞭、搞到几只活鸽子。我们问她哪里可以找到地下鲜货市场，琳达表示不知道什么是鲜货市场。斯托克顿街是中华会馆的总部

所在地，150 个帮会形成了一个层级分明的组织。他们建立中国学校（琳达就是从那里辍学的），并把死去的中国人运回祖国埋葬。我们还不死心，最后问了琳达关于唐人街的秘密地点。她觉得关于鸦片实在没什么好说的，在美国白人眼里，中国人似乎花大把时间吸食毒品放松自我，胡作非为。事实并非如此。她说，鸦片上瘾后，你就不能很快搬到圣何塞了。

奇怪的是，当我们把自己当成游客，我们就能看清唐人街在向世人掩盖什么。唐人街里同时存在着格兰特大街和斯托克顿街：它既私密又公开。它对游客开放，也对自己人开放，在同时向广阔世界和有限群体的贡献中保持平衡。巷子里，它为游客提供

三心二意的福饼工厂之旅，虽然福饼可能是某个日本人发明的。过了街角，它在售卖 128 美元的纸糊豪宅和牛鞭。如今，渔人码头只剩下观光的用途，唐人街却丝毫不会注意到游客的离开。它就像一个被拍摄最多的美国谷仓，里面还真实地堆放着干草。

我们的最后一站是一个绿色建筑三楼上的寺庙。琳达问我们想不想预测未来。加拿大人和美国中西部人吓得往后退，但是我自告奋勇，想要感受一下中国魔法。我们各自晃动装满竹签的竹筒，直到第一根竹签翻落到地上。我的编辑抽中了第六十九签，我的是第二十一签。琳达为我们找到了相应的黄色纸条，上面印着预示我们命运的小诗。琳达说她知识匮乏，

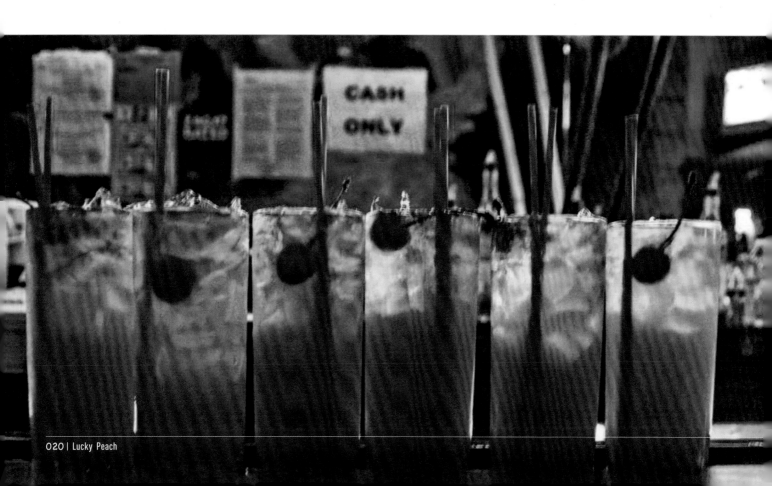

没法为我们解读小诗。"不过别担心,"她说,"我敢肯定这两签都还不错。"听起来似乎不大可信。小纸条背后印着几家餐厅的广告。我的编辑请琳达推荐一家。琳达说了一家店名,那里有个四川厨师,他的名字大概在几百个人口中传颂。我的编辑恰好是这几百分之一,听闻过这名厨师。道别之时,他告诉琳达,那名厨师已经被另一家餐厅挖走了。琳达承认,她最近没有关注新闻。

快乐时刻终于到了!我们约了朋友在佛陀酒吧碰面,这家潮湿隐蔽的酒吧提供掺了白酒——用谷物酿制的"烧肝"饮料——的中式迈泰鸡尾酒。酒吧里有个法国艺术家穿得像个宇航员。她在美国国家航空航天局(NASA)待了一天,正在喝第三杯中式迈泰鸡尾酒。好奇心作祟,我们询问保安,哪里可以搞到鸦片。他说或许可以在 SoMa 酒吧买到,或者,某家越南按摩店。但是他不能再闲聊了。他该回去工作了。

五、英国人的秘密,第二部分

希瑟 / 克利斯朵夫·蒂尔尼和我沿着曼哈顿大桥的护栏向东行走,然后朝北进入唐人街新区。新区坐落在鲍厄里街的东边,20 世纪 60 年代国会放松移民政策,大批福建移民涌入并在此聚居。

就像一个世纪前俄国"犹太定居区"的犹太人对德意志犹太人的冲击,这批福建人也对已在此定居的广东人造成了威胁。我们经过了他提到的非法购买六罐装喜力啤酒和因唱辛纳特拉的歌曲而被赶出门外的那家店。它已经从不伦不类的卡拉 OK 厅变成了不伦不类的推拿中心。我们的关系还没好到一起做推拿。我很伤心,我的编辑不在。他总是对推拿跃跃欲试。

街区新贵推拿中心的两边都配有公交车站。世界上没有一个房间是中国人不能把它改造成公交车站的,只要他兜里有 25 美元和一天空闲。你只需往这个房间里添一条毫不舒适的长凳——可以是铁路休息室倒闭出清的降价货,一个米色的档案柜,往墙上挂一口若隐若现的钟,再涂上阴郁绝望的颜料。最后找一张高深莫测的牌子写上不可思议的目的地,你便拥有了一个运输公司。这里的公交车站有多条线路,虽然不知怎的公告牌一直在强调无法到达的目的地:某张牌子上用心电图一样的字体写着"不去弗吉尼亚!!!不去费城!!!"跑马线途经卡罗来纳,到达亚特兰大。天马线和老虎线在卡纳尔交汇。所有线路在窗上交织成了一只巨型蜘蛛,头部是纽约,蜘蛛脚延伸到了黑格斯敦、斯汤顿、罗阿诺克、查尔斯顿和摩根敦。担心乘客由于太过激动准备了过多食物,大巴公司还温馨提醒:不得在大巴上吃海鲜。

毫无疑问,这一切都在福建人的阵地中发生,保留了移民群自带的活力,然而这样生气勃勃的场景已在广东人中间消失,只留下游人如织的滑稽场面。所有的公交运输公司都在 20 世纪 90 年代起家,为各处唐人街里灵活多变的人力市场服务;碗碟工、服务员可以借由便捷的公交系统在各个劳动力市场穿梭。当然,如今这些公交线成了灰狗公交的替代品,便宜却危险。移民群体是进取心和足智多谋的代名词,哪里有利可图,他们便去哪里赚钱;曾经,赚钱的方式是堕落,或者洗衣,或者贩卖旧衣。现在,它意味着流动性。移民群体总是随机应变,高效、不动感情地服务于主流文化群体的需求。以前,我们想要廉价的熨烫服务。现在我们只想赶紧跳下道奇汽车。

也就是说,我们极力想证明唐人街的反叛腐坏,是因为它比一个充满竞争力的唐人街更易于接受。过去,我们屈尊流连于唐人街,为了寻求秘密的、堕落的、无法无天的刺激,现在我们潜伏于此,探索它内心紧锁、难以触碰的一面,但是我们真正欣赏的是那里狭小的产业,粗率的创业买卖,关于樱桃的讨价还价。这不是过去粗俗堕落的重现,而是长久以来促使人们去工作去生活的活力和规范,就像阿拉斯代尔·格雷所说,我们仿佛在一个更先进的国家过着旧时代的日子。关于这些移民身份的问题,一部分埋藏在历史中,一部分遗落在抗争中,另一部分,则因为他们过于忙碌,早已无暇去考虑。◆

炸蟹角

文：彼得·米汉

摄影：加布里埃尔·斯塔拜尔 & 马克·艾伯德

跟炸蟹角有关的日子是从 1998 年我刚搬到纽约的那段时间开始的，彼时，大多城里人还把世贸中心看成资本主义的丑恶嘴脸，我还没成为一名美食作者，未曾知何为真实之物。

由于经济窘迫，我和女友尽可能自己做饭，出去吃饭在那时看来是愚蠢的选择。我们的朋友相当于一个东亚秘密组织，跟我女友一起上艺术学校，他们都是极好的厨师，由于极度思乡，他们经常会烹饪家乡菜：撒着猪肉糜的蒸蛋、咖喱煮午餐肉，不一而足。

我们来自芝加哥，从小吃的是烘肉卷蘸番茄酱；在那里，炸蟹角是典型的中国外卖，跟一盒米饭的地位差不多，是其他菜的免费附赠品。毫不奇怪的是，我们的朋友都没有听说过这种食物。

炸蟹角的制作方法：

奶油干酪、人造蟹肉、小葱剁碎后混合搅拌，裹进馄饨皮，在滚烫的油锅里炸脆，蘸着甜面酱吃。

在纽约，每当有晚餐聚会或朋友来访，我们都会做一大盆炸蟹角。我们总有大把时间做炸蟹角。还有极小的一段时间里——头昏脑涨、饥肠辘辘——我们迫不及待地将滚烫的炸蟹角在刚从冰箱取出的冰凉的甜面酱里滚一圈，然后扔进嘴巴。

我们不分时间地制作炸蟹角，因为没有人阻止我们这么做，因为我们还那么年轻，可以尽情地摄入大量油炸鱼肉奶酪蟹角、香烟、廉价啤酒，不介意炒锅里的油花在狭促的厨房里四处飞溅，积起厚重的油垢，完全不在乎潮流、正宗、质量或食材的来源。

炸蟹角是滚烫的，而黑夜是漫长的。过去时光的一微光照向前方，但是时间一去不复返，记忆中的人们也不复存在——至少没人还像过去一样生活。

而且，我们再也没有做过炸蟹角，再也没有。

几年前，我同旧金山一家那不勒斯餐厅的厨师闲聊，讲到她新发明的一道菜：意式蒜末烤面包加乳清干酪、猪颈肉、鸡油菌和一种意大利蔬菜 cresta di gallo。为她供货的一位农民向她推荐了这种菜，她说，试吃一次后，她立马把这位农民的 cresta di gallo 全包下了。Cresta di gallo 有一种疯狂的混合口味，她狂热地鼓吹道，好比上帝把蔬菜调味香料浓缩在了一种植物中。啊，还有一件搞笑的事：她刚去了东京，发现日本人也在吃某种类似的蔬菜，他们叫这种蔬菜 shinguku，意为菊花菜。

嗯？是蒿蒿？我心中暗想。难道你从来没有去过唐人街的菜市场吗？

买菜自由! PRO-CHOYS

文：乔纳森·考夫曼　摄影：阿兰娜·黑尔

旧金山斯托克顿街上的"生鲜蔬菜店"（Sheng Hing 音译）里售卖着一堆堆的茼蒿。这是唐人街里供应商竞争最激烈的街区。

和茼蒿一起放在架上的，还有油菜尖儿，坚挺的菜叶散发着绿色的光泽，菜叶中间的花蕾呼之欲出。当然，货架上也少不了空心菜、鸡毛菜、各种各样的白菜、卷心菜和粗壮的胡萝卜。在"生鲜蔬菜店"买菜有一点很关键：忽略墙上一层层的尘土，且不要过于专注地盯着地面看。

大多蔬菜送到店里的时候都装在打蜡的箱子里。几个妇女站在入口处的蔬菜箱子旁边，挥动着小刀切除菜茎一端，于是每一株菜都显得更加新鲜。许多蔬菜每磅售价还不到 1.5 美元，南瓜和其他的块茎菜仅售 0.5 美元左右。走出蔬菜店，你可能一下子损失了 20 美元，但是身体已经被一群鼓鼓囊囊的粉色袋子包围，你的手指看起来就像戴尔·奇休利吹制的玻璃雕塑。

七月中旬，花半小时，在斯托克顿街，或者克莱门街、诺利嘉街、米慎街晃悠，出入那些亚洲食品市场，你会被加州土地的生产力所震撼。我们这些从小没有尝试过油菜或豇豆的人，将带着满脸的狐疑流连在市场，仔细观察那些蔬菜，仿佛是在检测来自另一个星球的农产品样品。有个问题将萦绕心头：我该怎么烧呢？

很快，另一个问题也冒了出来：为什么这些新鲜蔬菜如此便宜？本地樱桃供货富足，在市场里每磅只卖 1.99 美元（是外面店面价格的三分之一），一捆捆的豇豆（1.19 美元）上挂着晶莹的冰水，它们清晨刚被农民放进一个个箱子里。

跟农民蔬菜市场相比，很多普通超市的樱桃看起来个大、深红、水分充足，但是口味清淡。夏末葡萄的庞大体积让人觉得它们仿佛被超人发射的激光加持过，但是依旧味道平平。

然而，这里的绿色蔬菜比我在任何连锁蔬果超市看到的都要明亮、坚挺、新鲜。每周我去市场一两次，用自行车载着鼓胀的葫芦和节瓜回家。有时候，紫色边缘的苋菜叶，抑或细长略带苦味的鸡毛菜会从袋子里挤出来。

迷你食谱　**豇豆**
把豇豆切成 1.3 厘米左右的小段，放入洋葱、西红柿、百里香，用文火炖软。

空心菜和紫苋菜
快速用阿勒颇辣椒（Aleppo pepper）、火葱加一大勺橄榄油煸炒，可以轻松去除紫苋菜叶充满矿物质的刺激味。同样，空心菜也可以切成小段，用上述配料快炒。

瓟子
将瓟子——据说跟黄瓜关系密切——切成丝，加蒜头快炒。然后洒上希腊酸奶和新鲜莳萝。

农产品批发市场是所有来到旧金山的蔬菜水果的官方入场地。早上 7 点半，市场里的繁忙差不多就结束了。仓库的墙壁边上高高堆起的箱子减少了许多，卡车离开码头踏上了各自的路程。此时，"快乐农场蔬菜"的共有人俞先生早已被订单、放松的工人包围，刺鼻的香烟弥漫，笼罩了整张桌子，一派和谐舒适的氛围。

"节瓜、青豆、茄子、日本南瓜大多从夫勒斯诺市运来，因为那边天气炎热，瓜类喜欢高温，"他解释说，"亚洲的绿叶菜很多从摩根山地区的吉尔罗伊来。"俞先生的公司为农产品市场和亚洲蔬果店供应蔬菜。

"7 月是当地菜农的供应旺季，"他说，"从 10 月末和 11 月初起，当地的蔬菜产量会急剧下降，于是，我们会转向洛杉矶和墨西哥。"

美国有多少土地在种植亚洲蔬菜，农业部并没有相关数据。但是根据 2010 年加利福尼亚农业委员会数据报告，"所有东方蔬菜"达到 3800 万美元的产值，只占了加州总农业产值的很小一部分（有机蔬果的年产值为 44300 万美元）。

但是，"东方蔬菜"的需求量很小。虽然加州是美国的主要亚洲蔬菜生产区，"新鲜蔬菜店"的老板史蒂文·陈说，亚洲蔬菜还是供过于求。他的批发仓库离快乐农场大概百来米。"有太多新加入的亚洲蔬菜农民和种植者，市场已经饱和了，"他抱怨说，"10 年前不是这样的，现在就是产能过剩。"

"它不像桃子或其他的核果，"陈继续说，"每个人都会去买——像西夫韦、幸运这些大型连锁店。有些连锁店也卖豇豆和茄子，但是没有节瓜。然而美国只有那么些亚洲人。"

陈不是唯一一个抱怨亚洲蔬菜供应过量的人。一个月后，

节瓜
长相类似西葫芦的节瓜去皮、挖籽、切成丝，加格鲁耶尔干酪、蒜头、香芹焗烤。我也很喜欢做一夏一次的蔬菜杂烩：加入洋葱、中国长茄子、瘦小扭曲的绿色甜辣椒——似乎一年只在市场出现一两个星期。

茼蒿
可以制作我一开始提到的厨师创制的茼蒿什锦面包（加乳清干酪、猪颈肉、鸡油菌），或者，更简单地，与切好的小葱一起爆炒。上桌前浇上青柠汁。

芥蓝
芥蓝很适合跟大蒜、西班牙香肠丁一起做。但是，有什么蔬菜不适合这么做吗？

我来到旧金山南部60千米的摩根山，平坦的河流从农田穿过，两边黄褐色的山丘绵延。成伟锋和他儿子辛普森带着我参观他们3英亩[1]大的温室。在摩根山地区和旧金山湾区南部乡村有许多这样的温室。

12年前，这些温室都在种植菊花、玫瑰和康乃馨，成老板说。他看起来瘦瘦的，饱经风霜，黄色的眼镜把他的脸衬托得更干瘪了。然而之后哥伦比亚鲜花种植兴起，加州南部的中国和越南鲜花种植者损失惨重。那时候，他的批发商破产，成老板损失了6.5万美元。于是，跟他的邻居一样，成老板开始种植亚洲蔬菜。每一株蔬菜比鲜花利润少很多，但是种植蔬菜不用那么讲究，他的收入日渐丰盈。

茼蒿菜种在10英尺[2]×20英尺的空间里，尖顶暖棚遮挡住猛烈日照，带来温暖。灌溉水管在土地边缘织成了网络。茼蒿菜的菜茎十分粗壮，叶片打皱，仿佛有人企图在一条乘风破浪的船上画一片橡树叶。仔细观察叶片，你也许会明白为什么意大

1 编者注：英亩，英制面积单位，1英亩合4046.724平方米。
2 编者注：英尺，英制长度单位，1英尺合0.3048米。

利农民会觉得那些摇摆的曲线就像是公鸡冠。

成老板和他的妻子雇用了一个工人，在4英亩土地上耕耘。清晨和傍晚6点以后，温室里的温度宜人，他们一起播种、收菜。夏天，每一株蔬菜的成熟期为40天。成老板一家在收到批发商订单几小时后，便开始下地割菜。之后，他们把地翻平，喷洒化肥，重新轮流播种他们暖棚里的七八种蔬菜。冬天，更重的蔬菜——白菜、芥蓝、大叶茼蒿需要120天才能成熟。

成老板说，以种植蔬菜为生越来越艰难。"工人的时薪是8美元。而在墨西哥，工人一天的佣金都只要10美元。他们可以随意喷洒化肥，我们这里却有很多严格的规定。"成老板说他很少使用化肥，用的是有机杀虫剂和蘑菇堆肥。（加州大学弗雷斯诺分校代表理查德·莫利纳的说法与之类似：没有一个他认识的中国农民敢经营有机农田，但是使用的化肥也很少。）

加州北部的蔬菜竞争愈演愈烈。成老板曾经专种鸡毛菜——"我的鸡毛菜绝对一流。"他说——直到他的邻居发现他的鸡毛菜售价高达15美元。两年前，在严酷的竞争后，鸡毛菜的售价降到了8美元。于是成老板开始同时种植其他品种的蔬菜。

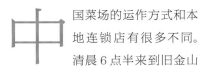国菜场的运作方式和本地连锁店有很多不同。清晨6点半来到旧金山唐人街的斯托克顿街和太平洋街转悠，你会看到卡车来来往往，在店门口卸下蔬菜。有些是批发商，有些则是吉尔罗伊或中央山谷的小农民直接前来卖菜，说到这儿，俞先生露出了轻蔑的神色。

"这些用卡车直接销售的农民，必须在一天内将菜全部卖完，不管卖多少钱。"一般的农民视之为农场直销；但是俞先生认为这是不公平竞争。旧金山批发市场的一名线人告诉我，唐人街的农产品店老板砍价厉害，而且不管跟谁进货，他们都付现金。比起面对下线餐馆付不出账单的经济冲击，批发商能拿到现金已经眉开眼笑了。

几乎每一个跟我交谈的人，无论是政府工作人员还是周边的住户，都说唐人街的农产品市场不舍得雇人干活。他们会请家人帮忙，或者付给工

人极低的薪水。很明显，从污迹斑斑的墙壁和昏暗的灯光就可以看出，店主们知道他们的顾客只会死死地盯住蔬菜和蔬菜上方的价格牌。

另一个保持低价的原因是：蔬菜更新迅速。

"前一天农民把蔬菜摘下来，第二天就运到了这里。"克雷街"农产品乐园"的店主肯迪·洛告诉我，她的身后簇拥着袋装的绿色蔬菜。肯迪的香蕉颜色很黑，但是苦瓜翠绿发亮，苹果和李子光滑新鲜，她还卖一大袋一大袋的豆芽菜和我见过最精致的芥蓝。这些蔬菜都来自南部60千米外的同一家农场，每两天送一次货。"亚洲蔬菜会很快变黄。"她解释说。

在一名唐人街长大的人士的建议下，某天，我于傍晚5点半后前往斯托克顿街，来见证蔬菜市场和蔬果店最大的不同：废物最少化。这里没有小屋子形状的废物粉碎机，也没有食品库收集的习惯。在城市超市，大多快要腐坏的蔬菜上方的价格已被更新成折扣价，原来的99美分一磅变成了79美分，之后又写成49美分。所有蔬菜必须卖光。

有时候价格掉得太快，他们根本来不及更新价格牌，于是索性高声呼喊降价。我又回到"生鲜蔬菜店"，挑选了几个芋头和莴笋。排我前面的顾客付完账，听到打折的叫卖声，立刻把一袋蔬菜推回了货架。

收银员耸了耸肩，重新称量那袋蔬菜，并退给那名女顾客20美分。◆

DEAD HEADS

死去的头

文：安东尼·波登　　插图：约翰尼·桑普森

某晚我在芽笼的一家茶餐厅，正欢快地啃着鲨鱼头，撕咬它的瘦肉、脂肪和软骨，一位新加坡朋友讲述了一段故事。他认为新加坡人是真正的上帝选民和悟道者，那个故事正好是对此有力的证明。或许，这个故事很可疑，它可能是虚构的，也许完全是胡说八道。不过我不在乎。我希望这个故事是真实的。这个故事"必须"是真实的。那位朋友说道：

很久以前，中国富有的商人坐着一队队车马出行，经常被土匪和强盗组织的拦路抢劫攻击。这些充满冒险精神的自由市场狂热者在路旁埋伏着，伺机袭击过路车队，残忍地将护卫和随从全部屠杀，然后将车上重要人物的值钱物品搜刮干净，之后再杀了他们。不过，他们总会把商队头领留到最后。

在一堆乱草中被拳打脚踢、无尽地哭喊求饶后，他被押着跪在地上，双膝浸在他的护卫和侍从的血泊中，他会发现自己被拖到了强盗头子的双脚下。按照一贯的剧情，强盗头子一定是一个凶神恶煞的汉子，他会给哆嗦的商人递上一整条烧熟的鱼。蒸的、烤的——怎么做都无所谓。但是肯定是一整条鱼。

"快吃!"强盗头子会喝令，把鱼朝他的

囚犯推过去。此时，所有人都会安静下来，停止他们手头抢劫、开膛破肚、虐待尸体或对死者进行宗教式的处理的工作，一起靠近强盗头子和囚犯，很明显，这是非常重要的一刻。

如果那位吓坏了的商人直接将手指或筷子伸向鱼头，戳进鱼的脸颊，抑或夹下一块鱼颌肉，强盗头子和他的同事间就会引起一阵满意的窃窃私语。

一开始就选择了肉质层次丰富，像马赛克一样有趣地镶嵌在鱼头中的肉，证明了这是一个富有、颇有品位的商人。显然，这样的商人肯定拥有比这个车队目前运载的多得多的财富。毫无疑问，这个男人会被他的家人、他的富贵朋友惦记，至少其中一部分人会愿意支付巨额的赎金。鉴于可能得到一笔客观的收入，强盗们会暂时留下他的性命。

然而，如果这位商人首先夹下鱼肚上那片少骨的肉，强盗们会立刻用弯刀在他的脖子上一抹。这个暴发户渣渣想必只值他兜里那点钱。根本没有必要让他活着——反而浪费粮食。没有人会惦记这个没用的东西。当他跳过鱼头选择鱼身的那一刻起，就已经证明了自己一文不值。

————————

这 个耸人听闻的例子反映了一个在欧亚大陆——古老又时髦的美食世界——广泛流传的观点，即头部是

最精华的部分。在西班牙人、中国人，或任何一个尚有自尊可言的卡真人（美国路易斯安那州人，原阿卡地亚法国移民后裔）面前放一捧对虾或龙虾，他们绝对知道应该怎么做：拼命吸出虾头里的虾脑、汁水和所有好东西！

毫无疑问，厨师们也心知肚明！他们知道，无论怎么努力，无论做什么，他们都不可能创造出一种新的酱料，会比一个在烤板上待了会儿的大虾脑袋上喷涌出的温暖浆汁更加美味。在日本，所有餐厅都致力于精心地烤出鲜美的鱼头和鱼脖子来博得食客的欢心。鱼头咖喱被印度国土内外几百万印度人珍爱和推崇。在许多葡萄牙餐厅，限量供应的鳕鱼头只对提前预约的 VIP（贵宾）客户开放。平民百姓就只能勉为其难忍受鱼身肉了。

所以我们到底对头部有多深的迷恋？确实，现在有许多美国的城里人已经知道脸颊上的肉有多可口。对舌头的喜爱似乎也在卷土重来。但是在我的印象中，一整个动物头出现在盘子上或电影中的景象并不受人待见。

————————

第 一眼见到约翰·休斯顿在电影《唐人街》中饰演的诺亚·克罗斯的时候，我们就知道他是个作奸犯科大逆不道的坏人了。我们是如何知道的呢？有两个理由。他总是把杰克的名

字叫错——把他叫成吉迟而不是吉茨，更过分的是，非常非常过分，他正在吞一整条看起来邪恶不祥的鱼。

"但愿你不会介意。我觉得鱼头必须跟着一起上。"克罗斯说。

"好吧。"杰克（杰克·尼科尔森饰演）回答，"只要你不把整只鸡给我端上来。"

这条鱼就那样摆在那儿，一整条，翻着死鱼眼看着我们。背后的隐喻很简单：只有野兽才会吃还留着头的鱼，只有一个残忍到令人发指的物体才会坚持他的客人必须这么吃鱼。

"你或许觉得知道自己在干什么。"克罗斯警告说，"但是相信我，你什么都不懂。"他所指的是一场涉及政治腐败、盗窃自然资源、地产欺诈和谋杀的巨大阴谋，但是明面上只能谈论那个鱼头。可怕的。庞大的。"丑陋"的。未知的。

"地方检察官也一直这么向我介绍唐人街。"我们的主人公杰克回答。不过最后证明，他确实是剧中唯一不知道真相的人。

————————

越 南南部一辆开着空调的拖车里，威拉德上校坐在奢华高贵的餐桌边。一名军事情报部门官员和两名中央情报局官员正向他下达命令。一位没穿制服的服务员在一旁服侍他吃午饭，

镜头扫过一盘还带着头的虾。

"不知道你觉得这虾怎么样。"电影《现代启示录》开头的一幕中，那名指挥官说道，"如果你吃了它，你便不再需要用别的方式证明你的勇敢了。"我们现在知道坐在威拉德上校身边的这群人心怀不轨，根本不能信任，他们要求威拉德做的事也是邪恶不忠的。

但是，好比《唐人街》里那条带着头的鱼，这群虾头也带有背后的深意。坐在格格不入的奢华餐桌上，它们黑色晶亮却视而不见的眼睛充满了警示。它们暗示着巨大的未知，暗示无论过去威拉德上校看到了什么，无论他自以为知道什么，事实上他根本不了解河的上游、杜朗大桥下有什么在等着他。

———————————

当然，这样凶恶的暗喻并不只出现在美国电影中。想想《甜蜜的生活》，我们的主人公马塞洛（马塞洛·马斯楚安尼饰演）从一个醉生梦死的浪子变成了践踏女性的苦闷醉鬼。一个清晨，他和一群欢场朋友跟跟跄跄地来到海滩边，看到渔民用渔网捕获了一个巨型海洋生物。马塞洛注意到了那个生物直瞪的眼睛。片刻后，一位年轻的女服务员从一条狭窄的海峡中向他呼喊，这名女服务员在电影前部分以缪斯女神或天使的形象出现。马

塞洛听不到她在喊什么。他们试图交流，但是声音却被风声和海浪的拍打声盖过了。他只好作罢，耸耸肩，回到那群浅薄无知、贪图享乐的朋友中，谁也不会在意他。在这里，鱼头并不象征着罪恶，而是对马塞洛所背弃的一切的残酷提醒：爱、自知、精神生活。

［在影片放映后最初的一段时间，人们普遍将这条鱼解读成基督教（及前基督教）信仰的经典象征。有些人认为它的外貌、死亡的样子——包括影片中其他众多反宗教的画面——是导演在暗示上帝已死。］

但是可以肯定的是，这条神秘的大鱼，死气沉沉的直瞪的双眼又一次暗喻并谴责了"巨大的未知"。这一次，它不仅暗示了马塞洛未知的事

物，还暗指他拒绝了解的事。

———————————

或许对食用动物头部最恶毒的中伤出现在 1979 年风靡的短片《鱼头》中，这部影片由演员比尔·帕克森执导。这部插播喜剧在《周六夜现场》首播后，立马引起了轰动。它所传达出的憎恶和无法掩饰的种族歧视只不过强调了当时流行的文化霸权主义和头部恐惧症的论调。

背景音乐从电影《鼠来宝》中得到启发："鱼头，鱼头／快活的鱼头／鱼头，鱼头／吃掉它们，美味！"短片拍出了对流浪者和亚洲人的刻板印象，大肆嘲弄少数族裔贫穷的现状和

传统饮食习惯。这部短片在电视台频繁滚动播出后，很快，大街小巷中就充斥着自称光头党的青年，无尽地传唱这首像病毒一样蔓延的鱼头歌。最后，这首歌被"榴梿榴梿"取代了。或许20世纪再也没有比这部短片更有影响力的作品，将美食之风带回了人们的视线。

————————

《教父》中的电影制片人杰克·沃尔茨床上出现那个著名的马头之前，很长一段时间美国的食客都将马肉拒于主流之外。诚然，在该电影制作播出的那段时期，鞑靼马肉在欧洲还十分流行，但是唐·科莱奥内的使者也不是把马头当作礼物送到厨房的，而是作为非常直接可怕的警告。

事实上，在所有电影的动物头部镜头中，我只找到一个快乐向上的场面，呈现了这个最美味、讨人喜爱的身体部位。仅仅一次，某个生物的头部——这次是一只鸭子——带来了启迪、欢笑、愉悦或欣喜，该镜头是这样的：

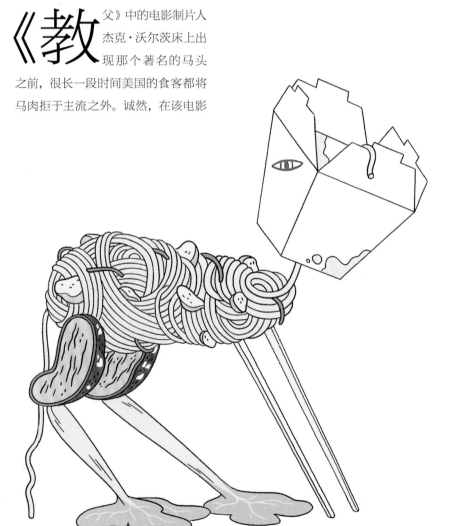

由简·谢泼德的短篇故事改编、鲍勃·克拉克执导的经典喜剧《圣诞故事》中，我们可爱的小主人公拉尔夫家的圣诞火鸡被一群凶猛的狗毁了，这些狗是他们看不见的邻居和妖怪坎卜斯养的。（妖怪和东欧传说中邪恶的圣诞幽灵同名，是巧合吗？）

由于他们的圣诞晚餐被无情地毁坏，这家人只能前往一家空荡荡的中国餐厅，他们点了一只北京烤鸭，来充当火鸡。服务员端了一整只鸭子上来，然后拿出刀，在一阵窸窣声中，将鸭头切下。拉尔夫和他的家人欢乐地尖叫起来。这是故事中最快乐的一刻。如果你同意的话，正是因为这只谦卑的水禽被切掉的头——鸭子的顿悟，令这家人享受了最愉快、最紧密的亲子时光。这样的例子太罕见了。

到底是什么引起了我们对它的恐惧、嫌恶和嘲笑？是由于那双令我们毛骨悚然的眼睛吗？是因为我们从那对静止、视而不见的镜头——我们未知或无法知道的事物的象征——中看到了未知吗？

抑或是害怕意识到我们导致了另一个生物的死亡，所以对鱼和家禽空洞的眼神唯恐避之不及？或许我们在抗拒的正是死亡本身。我们的受害者的眼睛在示意我们、讽刺我们，告诉我们，我们很快也将加入它们。◆

中式火鸡

百福（Momofuku）烤肉吧的烤鸭 | 8+ 人份

杀鸭 → 做香肠 → 预煮鸭子、塞填充食材 → 放置 2~5 天 → 烤鸭子、放置、上桌

当电影《圣诞故事》的最后一幕淡出，屏幕渐暗，帕克一家饕餮起他们的北京烤鸭，叙述者——长大后的拉尔夫——温暖地吟诵道，"这个圣诞节我们将铭记于心，因为我们第一次吃到了中国的火鸡……"

波登的文章（第 30 页）令我开始思考在圣诞节吃中国菜这件事。整个纽约的犹太人群体都虔诚地观望着圣诞节这场神圣的仪式，我的家庭早年也庆祝这个节日。在经历了平安夜一整晚的祝福、第二天一早兴奋地拆礼物和一下午与远房亲戚的尴尬电话交谈后，谁还有精力步入厨房去做饭？傍晚 5 点，夜幕开始降临，是时候麻利地起身前往福临门海鲜酒家，趁人流涌来之前点一只北京烤鸭享享受受了。

不过不要误会，北京烤鸭也可以在家里制作。你们要是胆儿够大，甚至还可以在圣诞节做北京烤鸭。我估计明星烹饪作家艾琳·尹飞·罗在她的烹饪书《中国厨房》中提供了北京烤鸭的最佳食谱。之所以说"估计"，是因为我没有亲自试过。但是，在百福烤肉吧工作了很久的厨师瑞安·米勒（Ryan Miller）按照那个菜谱做过。他不知从哪找到了一个自行车胎打气机，对着鸭子的皮肉中间打气，终于达到了罗女士的要求。他的招牌菜百福烤鸭就是这么进化而来的。

真的不是溜须拍马，我必须要说，百福烤肉吧的做法是对一只死去的鸭子的最高礼赞。对这些失去生命的水禽来说，再也没有比被一个高大的金发碧眼的白人男子构思出一道亚洲菜更崇高的荣誉了。而对那些在烹饪这件事上不拘一格，或者住在离优质中餐厅十万八千里的地段的人来说，这道菜可能真的会成为"史上最佳圣诞节菜品"！

——彼得·米汉

食材&器具	
2 只	4 磅左右的鸭子
2 罐	麦芽糖
1/2 杯	酱油
+	盐
+	足量的烧烤炭，两个炭筒，水壶烤炉和一套烤肉工具
+	蒸熟的短粒米
+	牛油生菜叶
+	豆瓣菜
+	海鲜酱

鸭肉香肠	
1 磅	鸭腿肉（3~4 个鸭腿）
1/2 杯	冷鸭油
3/4 茶匙	冷猪背肥肉，切成小粒
3/4 茶匙	黑胡椒粉
1/4 茶匙	肉桂粉
1/4 茶匙	八角茴香粉
1 茶匙	蒜泥
1/2 杯	日本米酒，冷的
1 茶匙	盐
1 茶匙	脱脂奶粉
1 茶匙	锡盐（也叫作腌制盐；亚马逊上有售）

1 **这道菜以切鸭子开场**。切除鸭翅膀，可以保存留作他用或制作美味的布法罗辣鸭翅。然后再切掉鸭腿。用剪刀剪除鸭脊椎，直到胸腔部位。（对于食肉爱好者来说，剩下的这个鸭架叫作皇冠。不用谢。）可以留下尾椎骨那段的肉另作他用，也可以直接拿它砸人，悉听尊便。鸭腿去骨后放入冰箱冷却，这段时间你可以准备香肠的食材。

2 **制作香肠：**将所有食材倒进食物料理机中搅拌，直到混合均匀顺滑。放置一边待用。

3 **煮开一大汤锅水,** 倒入尽量多的盐。找一个装得下整只鸭子的大碗,装满冰和水。每只鸭子在滚水中烫三次。具体步骤是:将鸭子在沸水中浸10秒钟,然后迅速提出塞进冰水大碗里,直到鸭子冷却。这样子重复三遍。(纽约第十大道上俄罗斯 & 土耳其浴室的粉丝们:这道工序跟在俄罗斯房间和冰冻水池间来回跑是一个道理。)目的是将鸭胸肉和外面的皮分离。

4 **从鸭子的脖子切口开始,** 到胸腔部分,小心翼翼地用手指伸入,分离鸭皮和鸭肉,直到鸭胸骨两边的皮像袋子一样松垮垮地挂在肉上。找一个裱花袋,将鸭肉香肠挤进皮肉之间,注意不要把鸭皮撑破了。慢慢地你就会熟悉这种做法。

5 **在一个烤盘**上放一个凉架(这一步容易弄脏桌子),将鸭皇冠放到凉架上。麦芽糖和酱油倒进小煮锅,混合后用小火加热,使之变得柔滑。用刷子把混合酱料刷到两只鸭子上,然后静置15分钟左右,直到酱料在鸭皮外冷却。然后再刷一次酱料,重复以上的动作。完成以后,将你的冰箱腾出一些空间来。

6 **把凉架和鸭子**一起放入冰箱。不用盖任何东西,让它们放飞自我,在冰箱里坐上 2~5 天。它们的皮肤会慢慢失去水分,为成为高品质、嘎嘣脆的烤鸭做好了准备。这一步不要作弊哦。

7 现在，你可以自己选择冒险：你想在烤箱里还是在烤架上烤鸭子？

7a 如果你选择烤箱：将烤箱设置到 246 摄氏度。塞满食物的鸭子放到烤架上后烤 50 分钟，鸭皮会变得乌黑亮泽，不要在还是红褐色的时候停下。然后另一只鸭子也进行相同操作。鸭子的品相不会随着温度降低而变化，不要为此烦恼。（同样，无论是用烤箱还是烤架，鸭子的成色不会有所差别，也不要为此烦恼。）

7b 如果你选择烤架：搭好架子准备烤鸭。如果你用的不是韦伯牌烤炉，我会为你鼓掌，但是，我还是坚持，请你用韦伯吧，因为我们活在属于韦伯的世界里，虽然他们的标准炉架根本无法在肉块上留下像牛排餐厅里那样迷人的烤痕。

准备两个炭筒，装好燃烧的烧烤炭。等燃烧最旺的时候过了，开始有炭灰出现。移走烤架板，将烧烤转杆架子放进炉子。（如果你对烧烤炉子还不熟悉，请事先研究一下怎么安装转杆叉子。不要等到生鸭子已在手上，炭火熊熊燃起时再考虑怎么安装。）

将一个一次性长方形铝制烤盘放在烤架下，接住鸭子滴下的油水，以防鸭油在烧烤过程中燃烧，像火山一样冒烟。将被炭灰覆盖的烧烤炭放到烤盘边上，堆起小山。

放上鸭子，装好叉子，启动开关。盖上盖子，将烤炉底下和盖子上的通风口都打开四分之一。炭筒中加入新炭，燃烧 20 分钟后再用来烧烤。加炭的时候将鸭子移开：谁都不想吃到盖满炭灰的烤鸭。30 分钟后，鸭子的外皮几乎变成黑色，里面的肉也熟了。戴上手套取下烧烤叉子，将烤鸭放回餐桌上。

8 先让鸭子静置 10 分钟再开始动刀。10 分钟后将塞满食材的鸭胸肉取下来，然后切成薄片。摆好米饭、生菜、豆瓣菜和海鲜酱，可以上桌了！◆

哈罗德·马基·在·外·太·空

酒饼！

文：哈罗德·马基
插图：托尼·米利奥耐尔

令年我第一次到访中国，尝试了无数新奇美味的菜式，并努力把它们记在脑海里。在为数不多真正令我惊讶的食物中有一种新鲜的米酒。自从喝了这种酒以后，我就觉得我的大脑里有一颗白色小球，它还跑到我的厨房里来回滚动。中国的米酒种类繁多，但是这种新鲜的米酒显得与众不同，甚至简单到可以在家里制作。这种米酒不用过滤或澄清；底下还沉淀着硬米粒和发酵用的酵素和菌种。它容易腐坏；在中国的超市里，你会发现它不是跟别的酒类一起放在开放式货架上，而是保存在冰柜里的。新鲜米酒有很多名称：醪糟、酒酿，还有"发酵糯米酒"。米酒口味清爽丰富，是进入鲜被探索的宽广谷物酿造世界的大门。

乳白色的小圆球就是做米酒的关键。它们叫曲；酒曲；酒药（英文为 chiuyao）；"米饼"；或者"酿酒酵母球"。如果你去一家亚洲的超市，那就去货架上寻找直径 3 厘米左右的白色小球，它们通常成对出售，装在干净的小袋子里。拿到酒曲之后，你可以再去买一些黏米／甜米／糯米，别的米效果不佳。

制作新鲜的甜米酒，要先将几杯糯米煮熟，自然冷却，然后将魔法小球磨成细粉，倒入温暖的米饭中搅拌混合，之后将米饭装入发酵容器中密封，放在一个暖和的角落。

几天后，米饭上方就会沥出清澈的液体。这就是米酒。

每次制作米酒，我都会被这种变化所震惊。一开始你只是用了平常的坚硬的米粒，达到食物平淡无奇的极限了（对非美食鉴赏家来说），最后竟然得到如此神奇的液体：它打开了你嘴巴里所有愉悦的按钮：甜爽、微酸、清香、果味浓厚、醉意朦胧。每喝一口，都让你快乐不已。

如果你延长发酵时间，米酒的甜味和果香渐渐流失，醉人的酒意变浓，像清酒一样（另一种米酒，发酵过程缓慢并需要更多控制干预）。第一次制作米酒时，可以每天都尝尝酒的味道，观察它的变化；下一次等发酵到了你最喜爱的口感的时候，就可以放进冰箱保存。我最喜欢第三四天时的口感。

神奇美味的创造工程师正是潜伏在干燥小球里的各种各样的微生物，中国人从很久以前就开始做这样的微生物小球。与温润、温暖的米粒混合后，小球里的霉菌、细菌和酵母菌瞬间复活，开始从它们周围的环境中汲取营养，同时改造环境。

米粒中的主要成分是淀粉。几乎所有生物都以葡萄糖作为最原始的化学燃料，淀粉分子正是由一长串的葡萄糖分子连在一起而组成的。谷物发芽的时候，生物酶将淀粉转化成葡萄糖。"启动机小球"里的霉菌含有淀粉分解酶，它们钻进煮熟的米粒中，将硕大坚固的淀粉颗粒瓦解成小小的葡萄糖分子，这些葡萄糖溶解在米粒的水分中，就成了甜甜的糖浆。（糯米的优势或许在于煮熟后变得软绵绵的，有助于消化酶接触到淀粉。）饱满坚挺的米粒渐渐瘪下去，仿佛一具具僵尸，唯一剩下的材料便只有外表薄薄一层细胞矩阵了。

"启动机小球"里的细菌和酵母菌利用自由葡萄糖分子，自身也发生变化。大多数细菌和牛奶、泡菜中的细菌是相同种类的。它们将葡萄糖转化成乳酸，所以糖浆的甜味中还夹杂着一缕酸味。所有微生物团结起来分解米饭中的蛋白质，将蛋白质变回它们的基础成分氨基酸，于是产生了所谓的"鲜美"的口感。和标准的葡萄酒酵母菌一样，小球中的酵母菌将葡萄糖代谢为酒精，并同时合成一群芳香分子，混合了果香和酸酒香，即酯类物质。几天后，米酒便含有了 25%~30% 葡萄糖和 10% 左右的酒精。

一瞬间：清甜，微酸，鲜美，醉人，散发果香。

除了啜一口新制作的米酒，然后微微一笑，你还能做什么呢？英国著名美食记者扶霞·邓洛普有一本关于四川菜的经典著作《鱼米之乡》，其中写到中国厨师用米酒做菜，这些菜会带有"醉"味和"酒香"，同时，米酒也可以用作腌泡汁，在烹饪前涂抹生肉和家禽肉的表面，保持其新鲜活络，是绍兴酒精致绝佳的替代品。我特别喜欢在蒸鱼和鸡肉的时候倒上米酒。

在那机缘巧合而又转瞬即逝的几天时间里，我有幸和扶霞一起在中国旅行，品尝四方菜。她点过两道菜，以截然不同的方式使用了新鲜米酒：一道是在成都，些微浓稠的汤里含有柔软的豆腐条和发酵后的空瘪米粒；另一道是在上海，一整条鲱鱼震撼上桌，裹在板油中，搭配料酒、火腿和笋蒸熟，鱼身旁摆着捏成条状的米饭。

《鱼米之乡》中介绍了一个菜谱，是四川流行的早餐热汤，称作醪糟鸡蛋，也叫酒酿汤圆，糯米粉搓成的汤圆、水煮蛋、几勺新鲜米酒和发酵过的米粒一起放入水中煮熟。类似的热汤还有别的做法，比如蛋花汤，先把蛋液打匀，再倒入沸水中。此外，还可以做成甜品版本，有一种是加入类似桃子味的桂花，另一种的汤圆中裹了芝麻馅。全都很美味。

新鲜米酒同样适合在冷藏后饮用。放进冰箱后，它便成了纹理细腻的果汁冰沙，由于里面已经含有糖分和酒精，无须再搅拌。

发酵过后的空瘪米粒也是一种诱人的食材，好比液体米酒的半固体版本。从米酒混合物中舀出来，这些米粒看起来很普通，但是一旦放入嘴中，它们便迸溅出香气四溢的液体。齿间夹着米粒的筋骨——当我们嚼着看起来完好无损、充满淀粉的米粒时，我们丝毫感受不到那层细腻、坚固不摧的纤维壁。这种感觉就像是咀嚼薄如蝉翼的棉纸屑。

我曾想将米粒放进烤箱中烤干，做成亚洲版的米脆酥。结果，它们没有变脆——残留的糖浆使米粒变得黏腻柔韧——但是小火慢烤之后，它们变成棕色，散发出新的浓烈的香气，混杂着焦糖和味噌的味道。这也说得通：味噌是由谷物和大豆的混合物通过一撮相似的微生物发酵而来的。但是制作味噌要耗费好几个月的时间，味噌香味的酒米却只需发酵几天，然后烘干几小时，就能产生新的味道。

中国还有另一种非凡的食物加入了醪糟，一种叫作奶酪和"北京酸奶"的奶冻。不加鸡蛋、不是酸奶，只是杯子里混合的牛奶和醪糟，有些会在奶冻顶上加水果粒、坚果或甜红豆。我在北京被人请吃过两种版本的奶酪。一种是在后海九门小吃街吃到的，那里集合了以前北京街边商贩做的小吃，据说是用蒸汽凝结的。另一种是在新奇时髦的专卖店——文宇奶酪店，叫作宫廷奶酪，是慢速烘焙而成的。这两种奶酪和平常的蛋羹、凝固型酸奶都不一样，口感柔和、微酸，带着米酒特别的果味，像是更娇嫩的牛奶甜冻。

我在家循着网上有限的几份英文食谱制作宫廷奶酪，过程并不顺利，于是开始翻阅食品科学文献，发现了一则有趣的故事。中国大陆和台湾的一系列研究都指向了密歇根州的东兰辛市！1987年，密歇根州立大学的食品科学家J.关与另一名作者合写过一篇论文《关奶的加工和特性：用东方传统方法生产的新型乳制品》。J.关解释说，他以自己的名字命名了这种乳制品（关奶就是关的奶），最与众不同的特点就是它有着酸奶般的浓稠度，却没有酸奶的酸味，还带有奇特的香味。

很快来到 2007 年，中国的食品科学家这样吹捧："中国宫廷奶酪，也叫作关奶，一种东方的乳制品"是"现今中国颇受欢迎的古老乳制品"。古老的乳制品，但是只在现今中国受欢迎吗？

从我可以获得的资料来看［感谢扶霞、周丽莲（音译）和詹澈（音译）］，宫廷奶酪可能是在 1900 年到清朝末期这

段时间出现在北京的大街上的，可能是清宫皇室的一道佳肴。我猜其中埋藏着一个有趣的故事，一道非同寻常的菜肴在剧烈动荡的国家历史中走进缺少记载的现代技术和商业世界中。

我从这些食品科学家的文献中学到了一个关键的细节，发现制作宫廷奶酪并不复杂：你只需要酝酿杯中的混合物，而不是真的烹饪。除了淀粉酶，醪糟中的霉菌还会滋生出

蛋白质分解酶，类似动物凝乳酶，制作奶酪时可将液体牛奶凝结为坚固的凝乳。正是这种蛋白质分解酶使宫廷奶酪凝结（类似的生物酶片剂也用于生产凝酪）。高温会破坏酶。牛奶混合物必须保持温暖，加速酶的分解，但是不能高于60 摄氏度，否则，酶会失去活性，蛋白质块会收缩并与乳清分离。

我将全脂牛奶先预热 30 分钟，控制在 80 摄氏度（这是制作酸奶的一个小窍门，口感会更嫩滑），之后冷却到体温，加入牛奶重量 10%~20% 的醪糟后搅拌均匀，装在敞口碗里，以 95 摄氏度的温度在烤箱中烤一个小时，或至牛奶凝结。暴露在空气中的牛奶表面通过蒸发水汽降低奶冻的温度。事先将牛奶降温 30% 左右能加快蛋白质浓缩，使凝结物更为坚固。在全脂奶中加入奶粉可以获得同样的效果。你也可以用炼乳代替全脂奶粉，前者微微的焦糖香和米酒中的果香能完美融合。

我发现除糯米以外，还有许多别的富含淀粉的谷物种子可以制作口感丰富独特的米酒。我试过黑米（又称紫禁城米）、泰国黑香米、珍珠麦和法老小麦，碎玉米和白芸豆。黑米会发酵出粉色的酒，颜色来自米的外皮。这层外皮使微生物酶进入谷物变得艰难，降低了米酒的产量。珍珠麦很容易被微生物瓦解，发酵后的麦子尝起来滑溜溜的，十分美妙，得益于其中水溶性的纤维。豆子和玉米并不会产生液体，但是口感甚佳。所有这些谷物都值得探索一番。

除了白色酵母小球，还有别的传统混合"发酵启动机"可用来分解淀粉，酿造美酒。桑德·卡茨的精彩新编《发酵圣经》中有一部分章节介绍了用大米、小米、麦子、红薯、木薯酿酒，以及另一种我们可以在手上甚至嘴巴里获得的淀粉分解酶来源：我们自己的唾液。咀嚼后吐出来的粮食很有可能是最早的酒精酿造剂。

如果真采用这种方法，那得到的的确是非常私人的美酒了。我会考虑尝试一下，但是目前，我仍旧沉浸在白色小球的世界中。◆

食谱：做中国人的菜

文：丹尼·鲍温

雷哲毕（Rene Redzepi）
诺玛餐厅（Noma）主厨，早餐之友

丹尼·鲍温
龙山小馆 (Mission Chinese Food) 主厨

不 在龙山小馆掌勺烹饪中餐的日子里，丹尼也吃中国菜。无论何时，只要我一到纽约，他都火速带我去唐人街，向我展示他最新挖掘到的好去处。鉴于丹尼是韩裔，他总是从身边的中国食客入手寻找美食的线索。本篇的食谱表达了丹尼对他的街坊邻居和他热爱的食物的致敬。
——应德刚

白米粥

配海胆、三文鱼子、熏鳗鱼和蛋黄 ｜ 4~6人份

| 鸡肉盐渍一晚 | → | 鸡肉裹进布里 | → | 烤大米 | → | 煮1小时 | → | 调味上桌 |

唐人街的早餐是简单直接的。精巧复杂的大餐只出现在周末和特殊场合。

清晨，唐人街的街边小贩吆喝着肠粉——一种用米粉面卷成的瘦长条儿，裹着简单清蒸的肉类。此外，还有我在唐人街或其他任何地方最喜爱的早餐：明炉烧鸭面（图片见前一页）。鸭肉汤口味醇厚却不犯腻；它就是那么清澈又令人满足。

但是在唐人街，再也没有比白米粥更简单基础的早餐了。它完全能让你吃饱了，一整天都感受不到饿。而且白米粥快捷、便宜，做起来也毫不费力。

唐人街多数餐馆都提供白米粥，将一把白胖的大米倒进翻滚的热水里，煮出一大锅乳化后厚实黏稠的粥来。然后加入鸡汤或鸡精，味道着实鲜美。我们的白米粥比较轻盈，旨在烧出更多清澈的米汤，减少黏稠的粥，因此一开始倒入的是冷水，也不添加多余的油。我们在锅中放入一整只鸡，获得它的鲜味，鸡油是白米粥的唯一油脂来源。顺便，你还能得到一只完美的水煮鸡，算是这道菜的副产品了。

你可以在白米粥上盖上一切你喜欢的配菜——炖鸡肉、海鲜、泡菜，样样皆可。在这个特殊的日子，我挑选了三种"蛋"（三文鱼子、鸡蛋、海胆），以及在正山小种红茶上熏过的鳗鱼。

——丹尼·鲍温

食材&器具

1只	全鸡，最好带有头和爪子
1根	西芹
½根	胡萝卜
2杯	白米
8夸脱[1]	水
+	干酪包布
+	一次性筷子
1袋	三文鱼子（可选）
1袋	海胆（可选）
+	蛋黄
+	鱼露
+	盐
+	香菜

红茶熏鳗鱼（可选）

3茶匙	正山小种红茶
1杯	香米
1袋	日本烧烤鳗鱼
1个	一次性锅
+	烧烤架和烧烤炭

1 如果可以，买一只老母鸡——就是墨西哥肉店里标着"gallina"（老母鸡）的那款。虽然老母鸡肉质紧实，但是香气更加浓郁。在鸡身内外抹上厚厚的盐巴，别忘了翅膀下方的区域。胸腔里塞入胡萝卜和西芹。放进冰箱过夜。

---

1 编者注：夸脱，英制容积单位，1夸脱合1.1365升。

2 第二天，用一块干酪包布裹住母鸡，扎紧。干酪包布要足够大，包住母鸡后，剩余的布料用来绑在汤锅上。

3 将大米倒入擦干的锅中，中火烤热。不要淘米——大米表面的淀粉是白米粥最好的增稠剂。另外，不要把米粒烤焦了。不停地翻动米粒，直到香味四溢——只需几分钟。

4 往锅中加水，中火烧开。一开始加入冷水，并用中火（也可以是大火）烧开会使鸡汤更加清透干净。

5 粥沸腾后，放入扎好的母鸡，将包布的边角绑在锅的把手上，防止鸡肉触碰锅底烧焦。

6 一次性筷子分别架在锅沿两边，方便出气。将筷子的一头朝你露出，保持平衡后，盖上锅盖。我的厨师曾经把粥烧焦了，因为他们坚信他们有更好的出气办法，但是这是我们上上辈传下来的经典做法，相信我吧。

7 中火煮45分钟至1小时。米粒会变得十分柔软，但还没完全化成泥状。将母鸡拉出，放进冰水中。母鸡冷却后，你就可以手撕鸡肉，做一盘精美的白斩鸡或其他菜肴的配菜了。

8 加入鱼露和盐调味。撒上切成小段的香菜、芝麻、一个蛋黄和你中意的盖浇——熏鳗鱼、三文鱼子、海胆等。

将母鸡挂在锅的边上，以防烧焦。（第5步）

一次性筷子架在锅沿上，便于出气。（第6步）

趁热吃吧。

红茶熏鳗鱼

1 支起烤架，将一小把滚烫的烧烤炭放在烤架的一边，用于间接取热。准备一个你并不担心损坏的平底锅，铺好锡箔，撒上红茶和米粒。将平底锅放到烧烤炭上，等待米粒和红茶熏烧。（想要加快速度，就用一小把火直接点燃茶叶和米。）

2 大米和茶叶开始冒烟后，把酱料刷到鳗鱼上，并移到烧烤架冷的一边。烟熏45分钟。◆

中国麦当劳

炸鸡块、海苔薯条和三盒蘸酱 ｜ 4人份

盐渍鸡块 ⟶ 烤鸡块 ⟶ 冷却鸡块 ⟶ 炸鸡块 ⟶ 炸薯条、上桌

去年，我们在深圳，下榻在这个工业城市的偏僻一隅。周边最忙碌的餐厅莫过于当地的那家麦当劳了。说实话我有点羞于启齿，其实我们在麦当劳一连吃了四餐。（这并不表示当我的副厨杰西某天晚上冲下楼买来一盒薯条和鸡翅的时候，我没有跟着其他同伴一起欢呼雀跃。）

最早令我跟旧金山的厨师熟络起来的，就是麦当劳。他们几乎都是中国人，因为只有中国人能胜任这个职位。我们语言不通，刚开始在厨房共事的时候，还互相看不惯——我们实在太忙，没有时间互相了解。我绞尽脑汁想着做些什么能让他们开心。我总是从邻近的街区为他们买墨西哥菜，他们都还算喜欢。直到有一天，我买来了麦当劳，他们顿时兴奋不已。

我这才了解到，我这群中国厨师对麦乐鸡、烤汁猪排堡和麦香鱼堡有着不同寻常的痴迷。当然也包括牛肉汉堡。某天，我给炒菜师傅带了一个牛肉汉堡，不过他已经为自己烧了一碗米粉。我说你可以放着，过会儿再吃汉堡。五分钟后我回到厨房，师傅竟然把整个汉堡放进了他的米粉汤里；他用筷子夹着那个汉堡在吃，简直变成了中式三明治。

这道菜为消融我和厨师之间语言不通的障碍做出了巨大贡献。

——丹尼·鲍温

食材&器具

若干	鸡块
2 片	月桂叶
2 片	香豆蔻
1 片	海带
1 个	八角茴香
5 个	丁香
1 个	胡萝卜，切块
1 个	洋葱，切成 4 瓣
2 夸脱	猪肉汤
1~2 杯	中筋粉
1 杯	玉米淀粉
1 袋	冰冻薯条
+	盐
+	油
	气泡水

酸甜酱

1 个	小菠萝
2 个	墨西哥红椒，切丝
¾ 杯	梅子醋
¼ 杯	油
¾ 杯	糖
+	干酪包布
+	玉米淀粉
+	水

左宗棠酱

½ 杯	绍兴黄酒
½ 茶匙	蒜头粉
½ 杯	米醋
½ 茶匙	生姜粉
¼ 杯	海鲜酱
½ 杯	辣椒酱（辣油中浸着辣椒籽）
2 茶匙	糖
+	玉米淀粉
+	水

辣芥末酱

1.5 杯	白醋
1.5 杯	水
½ 杯	糖
1 茶匙	盐
1 杯	芥菜籽
½ 杯	第戎芥末糊
¼ 杯	中国芥末酱

1 将鸡块清洗、沥干，随意地抹上盐，放进冰箱过夜。

2 烤箱加热到 132 摄氏度。鸡块与月桂叶、香豆蔻、海带、八角茴香、丁香、胡萝卜、洋葱和肉汤混合，放入烤盘。倒入水（或肉汤），没过食材，锡纸盖住烤盘，烤 3 个小时。

3 将鸡块冷却到室温后，整个烤盘的食物放进冰箱过夜。

4 当你想吃鸡块的时候，将鸡块切成小份。混合 1 杯中筋粉、1 杯玉米淀粉、2 勺糖和足够的气泡水（大约 2 杯），揉成煎饼面糊的厚度。

准备一个较深的油炸锅或高锅，倒一半油。高锅可以防止油花溅出。

将油加热到 176 摄氏度。

5 剩下的中筋粉倒入盘中。鸡块在面粉中滚一圈，抖落多余的粉末，蘸上面糊。放入油锅炸脆，大约 3 分钟。

6 至于炸薯条，为了方便起见，我会选择冷冻薯条。毕竟，我们只是在做中式麦当劳。按照包装上的指示做好炸薯条。

在煤气炉上迅速仔细地烤几张海苔片，放置冷却。撕成小片，扔进香料粉碎机研磨成粉。倒在炸薯条上，加入盐，摇匀。与炸鸡块和蘸酱一起上桌。

酸甜酱

根据下面的酱料食谱，你能做出比你需要的多很多的酱，毕竟，谁会一次只做一个人吃一餐的酱？

同理，你需要用一点玉米淀粉糊让两种酱变得黏稠。同等分量的玉米淀粉和水混合，搅成薄薄的面糊。

1 将半个小菠萝切成小块，另一半切成大块。小菠萝块和墨西哥红椒丝一起放入塑料盒。

2 大菠萝块与梅子醋混合，直到菠萝脱水变小。干酪包布包住混合物拧挤，将汁水挤到小菠萝块上。将塑料盒紧紧密封，在室温下发酵 1~2 天。

3 大火加热炒锅或深底锅中的油，

并加入糖。翻动油中的糖，直到变成琥珀色。将一杯发酵后的菠萝汁倒入锅中。这一步要小心，会有泡沫溅出，防止烫伤。

4 酱汁收干，使之达到枫糖汁的黏稠。倒入一点玉米淀粉糊，关火，撒入一把菠萝块和墨西哥红椒丝。剩下的菠萝和醋放入冰箱保存，可作为油腻食物的配菜。

左宗棠酱

1 将玉米淀粉以外的所有食材用中火水煮，直至水量减半。加入一勺玉米淀粉糊增稠。腌泡芥菜籽这部分直接摘自百福面食的菜谱。（大卫·张说，芥菜籽是"直接从飞了好几年的宇宙飞船上抓来的"。）

辣芥末酱

1 腌泡芥菜籽。将醋、水、糖、盐和芥菜籽放入炖锅，小火炖45分钟。芥菜籽会吸水，鼓胀成鱼子珍珠的样子。冷却后储存。

2 将 1/2 杯的芥菜籽与另两种芥末酱

混合搅拌。剩下的芥菜籽可在冰箱中保存数月。◆

制作酸甜酱的梅子醋

白萝卜炖牛肉

中式意大利蔬菜烩肉 | 6~8 人份

| 盐渍牛肉过夜 → | 烧洋葱、烤牛肉 → | 小火炖 3~4 小时 → | 冷却、过夜 → | 蒸制蔬菜、摆盘 |

这 是我私人版本的经典中式滋补汤。我们旧金山餐厅的老板周亮总是吃这种东西，完了还朝我眨眼说"带给你力量"。

今年早些时候，我在成都一家偏僻难寻又异常好吃、当地称之为"苍蝇馆子"的地方——明婷饭店吃到了这道菜。饭店门口放着一口巨大的锅，锅中的猪肉和萝卜已经在小火上慢炖冒泡一整天了。和猪肉一起上桌的还有一小碗带盐的辣椒，店里所有的顾客都在吃这种肉。

不久之后，我在纽约开张了龙山小馆纽约店，最早雇用的厨师中有两位福建人：陈师傅和金师傅。一天清晨，他们带我到了他们的早餐驻点——唐人街曼哈顿大桥下的一家点心店。（卫生部门给这家餐厅的评级是 C，但是我猜只是因为他们在用餐区做很多菜。）陈和金点了这道汤。汤里是各种碎屑杂肉，但是同样，每张桌上都放着这碗汤。

这道牛肉炖汤确实和意大利蔬菜烩肉、法式蔬菜牛肉浓汤大同小异。我很喜欢，因为喝完这碗汤，你不会有任何的罪恶感，不会觉得自己是一个油腻的炖肉罐头。就像我说的，它是一种滋补汤。我不确定它是否能"带给你力量"，但我猜也没什么坏处。

——丹尼·鲍温

食材&器具

4 磅	牛舌
2.5 磅	蜂窝牛肚
3 磅	带骨排骨
1 个	洋葱，未剥皮
1 个	胡萝卜，切成两段
2 片	月桂叶
1 片	生姜，搅成泥
1.5 磅	猪骨
1 大张	海带
1 捆	芥菜
½ 袋	软豆腐
½ 捆	香菜
1 个	大白萝卜，去皮，切成 4 段
+	白醋
+	油
+	干酪包布
+	烘焙纸

盐拌辣椒蘸酱

10 个	墨西哥红辣椒，切成末
3~5 茶匙	粗盐
一小张	海带

1 **牛舌、牛肚和排骨**撒上粗盐抹匀。盘子铺上烘焙纸，将肉放在纸上，放进冰箱过夜。

2 **第二天，将牛肚放入冷水中，**洒几滴蒸馏白醋。浸泡半小时后，清水冲洗揉搓牛肚。虽然吃起来还是牛肚的味道，但是可以减少臭味。放在一边。

3 **将未去皮的洋葱**直接放到火焰上烤。用钳子不断转动洋葱，直到洋葱外皮完全变得焦黑。刷去最外层烤焦的皮，继续炙烤下一层。

洋葱会散发出一点甜味，但还是会保持生洋葱的味道。越南人做河粉汤时常常这样烤洋葱，意大利人做炖肉时也会采用这种方法。

快速将炙烤后的洋葱在冷水下冲洗，切成两半，放在干酪包布上，同时加入胡萝卜、月桂叶和生姜。收拢包布，扎紧。

4 **在一个较大的平底煎锅**（或炒锅）中倒入几勺菜油，加热，直到油冒烟。放入牛舌和排骨，煎至表面呈深棕色。

5 **将棕色的排骨和牛舌，**以及牛肚、猪骨放进汤锅，加入蔬菜和海带。倒入冷水，没过食材 3 厘米左右，开至大火。水烧开后，撇去表面的灰色浮沫，然后把火关小。在汤锅的边缘覆上一圈大小合适的烘焙纸。将锅盖半盖在汤锅上，继续煮 3 个小时。时不时地关注锅中的情况，以防烧焦。

牛肚在水和白醋混合物中浸泡，去除异味。（第 2 步）

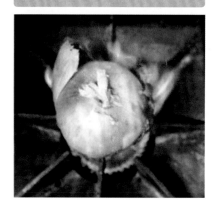

洋葱烤至黑色，使之散发出甜味。（第 3 步）

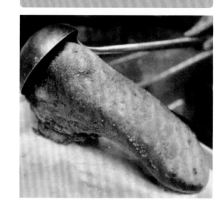

耐心地把牛舌和排骨煎成棕色。（第 4 步）

6 **将白萝卜倒入汤中，** 继续炖 30 分钟，直至食材变得松软。

7 **肉煮好后，** 冷却至室温，放入冰箱过夜。第二天早晨，刮去肉汤表面凝结的脂肪，将肉块切成小块，放回汤中，慢慢加热。

8 把 1/4 热汤倒入另一口锅中，开中火，加入芥菜炖 30 分钟，使之变软。将豆腐切成 1 立方厘米的小粒，和香菜一起倒入汤中。再煮 2 分钟。

捞出肉块放进一个大碗，从上方淋下几大勺肉汤。在另一个汤碗中盛入蔬菜和豆腐，配一小碟盐拌辣椒。

盐拌辣椒蘸酱

这份调味品为肉块补充了明亮的咸味，就像欧芹酱之于意大利蔬菜烩肉。

1 **切好的辣椒拌盐，** 搅匀，和海带一起放进容器中。这捆海草会将大量的鲜味浸入辣椒里。盖上一层保鲜膜，不用裹太紧，然后在保鲜膜上放一个小一点的容器。再用更多的保鲜膜将这一整套容器紧紧绑住，盒中的辣椒就会被小容器压紧。

2 **让辣椒在室温中静静放置** 发酵 5天后，大功告成。可以转放至另一个更合适的容器中，在冰箱中保存，随时拿出来食用。◆

最美的人儿做最丑陋的事情：
核桃虾仁

外国人在中餐厅进餐时最典型的恐惧便是中国客人正从一份秘密的、不一样的菜单上点菜。令人害怕的可能性在于：1. 饭店把好东西藏了起来，留给自己或他们的中国朋友；2. 他们在暗自嘲笑那些狗屁外国佬点的菜。

好吧，他们确实是这样。不过为了种族间的和平，允许我，作为你们的中国兄弟，表达一条抚慰人心的内行人的建议：不要点核桃虾仁！

我从来不在恶心的食物面前怯场。

凌晨 2 点来我家，偷溜进厨房，你很有可能会发现我正朝着各式糊状的残羹剩饭上挤是拉差辣椒酱，就着冰箱的微弱灯光狼吞虎咽，像指环王里的咕噜一样贪婪地弓身对着我的战利品。

但是面对核桃虾仁这道西海岸中餐外卖菜单上的固定菜式，我是有底线的。这种抗拒甚至不是因为它看起来黏腻倒胃口，虽然它确实有一种无法否认的黏腻。

它只是……我见到过烹饪核桃虾仁的过程，朋友。我曾经在一家中餐厅的厨房工作。一大盆黄色的工业沙拉酱预先混合了液体葡萄糖和蜂蜜，放在某处布满灰尘的高架上，暴露在室温中。在我的想象中，那盆混合物像《捉鬼敢死队 II》中纽约城下流动的污泥般溃烂着。

我见过最迷人的女士享用这道最肮脏、最粗糙的中美混合菜。（我也见过潇洒的绅士做同样的事，但这道菜似乎更受女士欢迎。）

见到那一幕的时候我伤心不已。为了全人类，我们必须停止吃核桃虾仁。

文、图：应德刚

* 如果你想知道在一家普通的中餐外卖店厨房里，核桃虾仁这道菜的地位是多么低下，那么请看这一页的图。我从办公室附近的一家店叫了两盒这玩意儿，猜我在拨弄这堆黏糊糊的东西时发现了什么？他们竟然在菜里加了美洲山核桃。你要知道，他们在你的核桃虾仁里是多么吝啬于放几粒干瘪的核桃。

London Town

伦敦唐人街

文：扶霞·邓洛普　　插图：汉娜·K.李

我初次造访伦敦的唐人街是在 20世纪 80年代末，在一位新加坡的友人李洱（音译）的带领下和我的表兄一同去品尝点心。彼时我还从未尝过中国食物，对那样的我来说这委实为一次尝试异国风情的大胆之举。我们经过两侧立有盘龙柱的路来到幽深的泉章居，坐在四处穿行的推车间品尝用不知名配料做成的奇异珍馐。这种食物的口感我从未品尝过：松软、黏糯，有嚼劲而顺滑。

我十来岁的时候就已经是一个厨艺发烧友和勇于尝试的吃货，并从我妈那里习得了分析新菜品的习惯，试着去猜想它们是如何种配料、何种方式烹制的。但直到那个星期天的中午，我此前吃过的最接近正宗中餐的也不过是偶尔点的外卖，像浇了酸甜酱汁的油炸狮子头、竹笋罐头配鸡肉以及蛋炒饭（顺带一提，我非常喜欢它）。在泉章居，我感到了同等的惊喜和困惑。我抱着破釜沉舟的心情，第一次品尝了豆豉蒸鸡爪，并狼吞虎咽下神奇的油滑虾卷饼，里面塞满了奇诡的白色松软块状物。我没法猜到是哪些食材有幸被纳入了这些食物中，也没有标准用于评价它们。没有李洱的话，我怀疑自己根本不会冒险进入这种餐馆。对那时的我来说，我们的午餐点心不过是一次孤立的冒险，我完全没有想到中餐会成为我一生的执着。

直到几年以后，1992 年，我才造访中国。我背着包游历了这个国家，从广州到阳朔、重庆和北京。就

像许多外国游客那样，缺乏关于食物的知识和不通中文使我的旅途困难密布。除了像北京烤鸭这样的著名美食以外，我真不知道自己应该吃什么，又到哪里去找。就算来到餐馆，我对点菜也毫无头绪。我的这场美食之旅是偶然而随意的。

在重庆，一种我从未见过的刺激调料让我胆战心惊——花椒。我还与某个橡胶状的东西奋战，我猜测那是某种动物的消化器官，被桂林的贩子扯下来卖到饭店；他们曾骗我说我刚吃下去的炸鹌鹑是某种珍奇野生鸟类。不过也有激动人心的事情，比如炒蛇肉和我在广州餐馆尝到的美妙点心，它们被列在了我的《孤独星球》手册上。不过，我的常备之选还是背包客常去的小餐馆，那里菜单被翻译成混杂的英语，菜品倒是简单家常。

而我依然对中国念念不忘。回到伦敦后，我就开始上夜校学汉语，在唐人街与朋友共进晚餐，闭着眼睛在写满了无数我无法理解的食材和菜品

的菜单上随机试吃。我记得享用过的油炸芋泥裹鸭，还有一团蟹肉酱裹着的翡翠绿色的食物，但我不知道那是什么。有时我会犯下一些中餐馆里的常见错误，随后才醒悟：我点了套餐，而它们几乎毫无例外是中国人不怎么吃的过时菜的堆积。但我不知道自己错过了什么，只是很欢快地享受着自己的食物，非常满足。

几年以后，1996 年，我结束了在中国的一段漫长旅居，回到伦敦。过去一年半的时间我都在四川大学学习汉语，接受厨艺训练，并在乡下四处漫游，以至于回国以后唐人街成了我伦敦生活中不可或缺的部分了。我的眼界因为中国地方菜的五花八门及其饮食文化的丰富而开阔了许多。我自己在家做川菜，渴望着说普通话，在许多方面都向往着中国。我去唐人街置备调料，并为我在四川大学的几位朋友准备午餐点心——他们中有加拿大人、意大利人、俄罗斯人还有英国人，他们最终也来了伦敦。

唐人街既是家也不是家。我们确实可以吃到广式中餐，用不自然的普通话和广东籍服务员交流。那里的食品杂货商和鱼商是主要的供给来源，包括基本的佐料和偶尔一遇的宝贝，比如用麸皮和泥裹起来腌制的鸭蛋（装在外有龙纹的陶罐里从中国运来，直到它们因不符合欧盟的规章而被送走）。然而广东南部和香港到四川有很长一段距离，而两地的饮食习惯又截然不同。唐人街里甚至没有一家正宗的川菜馆。在此前我只能对中餐进行非常粗略的分类，而现在我明白粤菜不过是诸多风味中的一种。我怀念

起曾经在四川吃过的菜了。

如今我已着迷于花椒，而唐人街里的胡椒陈旧而无味，像是潮湿的爆竹而非撒满天空的烟花。那里没有四川辣椒酱，唯一的豆瓣酱还是李锦记的香港版，虽然不错却缺少正宗郫县豆瓣酱那种浓厚深沉的口味。我想买芽菜时，店员会给我看豆芽，所有的外省人都会认为这就是芽菜，但正宗的芽菜是一种咸而酸、皱巴巴的腌菜，是干煸豆粒和担担面中的神奇调料。粤语是伦敦唐人街的"官方"语言，粤菜是唐人街的"官方"菜系；相比之下普通话却很少听到。我在英国遇到的那几个四川人只能靠自己才能吃上家乡菜——要么每次回家时都要在行李中装满调料，要么靠在国内成都的朋友寄友情包裹过来。

大概就是那时，我开始了自己第一份美食作家的工作，为 *Time Out* 杂志的城市美食指南版面写年度中餐馆评价。在伦敦的唐人街，餐馆生意被粤菜主导，不免让那些被四川风味宠坏了的舌头感到沮丧。而唐人街甚至不是伦敦里吃粤菜的最好选择。有眼光的香港人更倾向于光顾开在体面街区里的粤菜餐馆。不过，唐人街里仍有许多让我为之激动的东西。比如"五月花小菜馆"，店家会从头到脚打量你，如果你不是那种粗野的酒吧客，就给你一盘自制腌菜和一碗甜汤；"孔先生"是一家又小又窄的餐馆，有着让人兴奋的特色菜单，主打菜有咖喱藕片炖鸭，还有浇焙牡蛎酱汁的豌豆苗；还有"兴隆咖啡馆"，那里的特制鸭心让我想起四川。

不过，唐人街的餐馆往往会把自己的招牌菜秘而不宣地放到汉语版菜单里，外国人根本看不懂。如果你看得懂汉语，你就有幸能品尝到精巧松脆的脆骨，裹着香而诱人的脂肪；臭鱼干和带壳虾；腌鸭蛋和苦瓜。旅居多年在中国，这些食物正是我心心念念的，也是我力劝 *Time Out* 杂志的读者去大胆尝试的。但通常情况下，我要是想尝试些比无骨炒鸡或脆香鸭更具挑战性的菜品时，服务员都会试图打消我的念头，把我引向那些枯燥无趣的、中国人压根儿不会点的套餐。

"为什么不把你们的上等好菜翻译成英语放到菜单上呢？"我看着中文菜单，上面写满了诱人的特色菜。

要是真这么问，整个唐人街的服务员都会告诉我西方客人通常会针对中国人最爱吃的那些菜找碴儿。他们会抱怨脆骨里的骨头，把带壳虾退回厨房，被骨头边缘略带粉嫩的鸡肉震惊，还会控诉服务员拿便宜的肥猪肉来糊弄客人。有一次，我在杂志上大加评论了一道美妙无比的潮州辣子豆腐鸡丁，那道菜的水准在整个伦敦都称得上独一无二。可当我再去那家餐厅的时候，这道菜就从菜单上消失了。我询问了服务员，他告诉我说："西方客人抱怨骨头，还有分量太小，所以干脆就把菜撤了。"

一位从业多年的唐人街女服务员告诉我，非中国籍的客人进行子虚乌有的对菜品的举报实是经久不衰的现象了。客人们往往在酒足饭饱以后抱怨自己所吃不公，拒绝付款。唐人街广为流传的说法就是"吃霸王餐"，也就是强吃强走。我在最爱的唐人街餐厅"新五月花"就目睹过这样一场事件。一对穿着体面的年轻英国情侣用餐结束后，抱怨所付非所得。和服务员进行一场论战以后，他们怒气冲冲地离开，说已经在桌上留下了他们觉得菜所值的那一点钱。过后我和那位服务员谈了谈，她的沉默里包含着伤心与愤慨，"他们会在法国餐厅里这样做吗？为什么是我们这里？"

一面因承受着类似的蛮横行径而身心俱疲，一面用着自己所有的英语挣扎着交流，大多数的餐厅已经放弃给外国客人提供真正的中国饭菜。可

对我这样能看得懂中文、有一些在中国的饮食经历的人来说，或者对于那些有中国朋友或伙伴的人来说，在唐人街餐厅可以得到很好的用餐体验。对于那些对中餐知之甚少的人，哪怕是有心尝试，若无服务员的鼓励，可能仍然会望而却步。点一桌正宗的中餐需要对它有一些基本的了解或是经验，能够顺应场景、季节和同伴等诸多因素，点得一桌和谐的菜品，着实是一门艺术。真正的中餐，在某些方面来说，本身就对外围者构成了挑战，比如去品鉴那些欧洲文化历史中从未存在过的味道、质地和口感。西方人若无法学习去喜欢上软骨、脆骨和明胶似的海产等等，他们就永远只能在一些备受推崇的中餐面前或望而却步或茫然困惑。（把菜单分区是一种"图省事"的行为，"明餐馆"的老板克里斯汀·姚坦诚道，但这也是为了让西方客人有更加舒适的用餐体验。）

从某种角度来看，当越南菜、日本菜和泰国菜在20世纪90年代席卷重塑伦敦的亚洲餐饮文化时，中餐陷入了一种进退两难的境地。也许仅仅是因为，作为和印度"咖喱"一起最早进入亚洲市场的菜系，中餐早已在饮食文化全球化之前就迫于形势改变自己来适应英国口味。中国厨师和餐饮营业者，在过去曾经不得不妥协，但现在没能跟上大众口味的变迁。而现在，虽然在唐人街还是能吃到正宗的中餐，但源于文化差异和共同偏见的僵局导致，也只有中国客人还乐于光顾这里。

有太多的英国人仍然囿于对于中餐的种种偏见，认为它要么廉价、要

么是垃圾食品，或者与本国差异太大而让人望风而逃。知道我对中餐情有独钟以后，英国人问我的第一个问题往往是，"你吃的最恶心的中国菜是什么？"2002年一篇声名狼藉的名为《呸！中国菜》的文章里，《每日邮报》是这么告诫读者的，"中国菜是世界上最阴险狡猾的，做它的民族成天吃的就是蝙蝠、蛇、猴子、熊爪子、鸟的巢穴、鲨鱼的鳍、鸭子的舌头，还有鸡的爪子……要是点一份中餐外卖，你永远不知道你筷子中间夹的是什么裹满荧光涂料的鬼东西。想想你最近一次点的糖醋狮子头，粤菜口味儿的。你确定它们不在晚上发光？"这篇文章引起了很大的纷争，以至于中国餐饮营业者纷纷游行到编辑室去抗议。对我而言，世界上饮食文化最为博大精深的民族，在英国受到此等待遇，实是令人咋舌。而英国，直到最近，都因为自己蹩脚的食物而声名远播。

也许《每日邮报》上那篇文章是对于中餐歧视的最后一波呼声了，因为从21世纪初开始的一场革命已经俨然开展。英国味蕾变得更加乐于挑战新奇，而丘德威在2001年开的"客家人餐厅"赋予了中餐光彩熠熠的新形象，让点心从贫民窟一跃而出成了富人。中国

的经济增长和伦敦街头涌现的穿着华贵的中国大陆人也在总体上提升了中国文化的声望，而同时从中国旅行回来的英国人也开始期待品尝到正宗的中国食物。

唐人街里很多二代广东人撤离了餐饮业，而中国的对外开放带来了新一拨从福建和其他省份来的移民和旅客。普通话开始和粤语竞争成为唐人街的"官方"语言，各种地方菜系也开始进入各家餐馆的后厨。川菜红极一时，甚至上海小笼包、台湾卤肉饭、

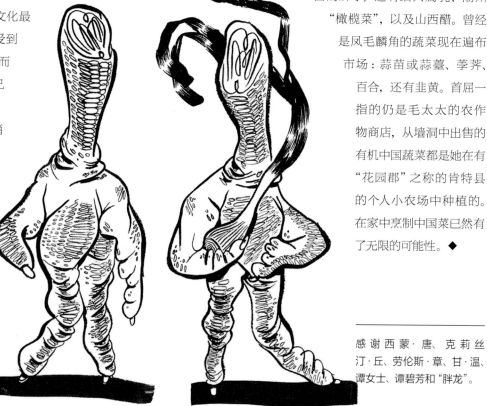

北方包子，以及一系列福建和东北口味的菜色都在唐人街现身。尽管各家餐厅如出一辙的套餐和秘密特色菜单的传统仍然流传了下来，但找到辣到麻舌的爆肚、鸭舌和泡在"滋滋"作响的辣汁中滑溜溜的鲈鱼，已然不是一件难事。尽管唐人街里的食物不过是所有中国地方菜加起来那极其丰盛复杂的冰山一角，但走到今天，也算是经过了漫漫长路，终有所获。

最后，对于像我这样常年买不到上好的中国食材的厨师来说，最大的惊喜莫过于市场上激增的各色食材。曾经，积压在唐人街市场的顶多是粤菜厨师用到的那些调料，而现在你基本上能买到一半以上正宗的四川豆瓣酱的牌子，还有绍兴腐乳、潮州"橄榄菜"，以及山西醋。曾经是凤毛麟角的蔬菜现在遍布市场：蒜苗或蒜薹、荸荠、百合，还有韭黄。首屈一指的仍是毛太太的农作物商店，从墙洞中出售的有机中国蔬菜都是她在有"花园郡"之称的肯特县的个人小农场中种植的。在家中烹制中国菜已然有了无限的可能性。◆

感谢西蒙·唐、克莉丝汀·丘、劳伦斯·章、甘·温、谭女士、谭碧芳和"胖龙"。

乡音

北岛

我对着镜子说中文

一个公园有自己的冬天

我放上音乐

冬天没有苍蝇

我悠闲地煮着咖啡

苍蝇不懂什么是祖国

我加了点儿糖

祖国是一种乡音

我在电话线的另一端

听见了我的恐惧

A Local Accent

I speak Chinese to the mirror

a park has its own winter

I put on music

winter is free of flies

I make coffee unhurriediy

flies don't understand what's meant by a

native land

I adda little sugar

a native land is a kind of local accent

I hear my fright

on the other end of a phone line

Renaissance Yan

多才多艺的马丁·严

文：凯文·庞

我们的记者花了三天时间跟踪
报道中华料理的大祭司

观 看马丁·严（中文名：甄文达）的厨艺秀，简直跟看惊险刺激的马戏表演一般。狂热绚烂的舞台上，他刀锋一落，只见骨、肉此起彼伏，一整只动物便处理好了。中华厨艺是这个舞台的要旨，令你大开眼界。他只有一个愿望：通过灌输"如果甄能煮，你也能"的信念，让那些犹豫怀疑者成为烹饪坚定的践行者。

八月，一个周六下午，坐标旧金山城区梅西百货一楼，一大群人拥入狭小的座位区现场观看严的拿手戏；他们是从严的万千粉丝中随机选出的。严不负众望，他手起刀落，以风驰电掣般的速度，瓣瓣大蒜变成了蒜蓉。他还宣称，他能在 18 秒内将一整只鸡去骨——但首先，他得给鸡"松松筋骨"。"中文里有一句谚语叫'死鸡撑饭盖'。这只鸡貌似有些紧张，双脚直直地绷着。如果拿到这样的鸡，肉质太紧，会很难切。"他转动鼓槌不断敲打，给鸡做按摩，样子可爱极了。他还扭动鸡的两只翅膀作跳舞状，活像卓别林当时的小面包舞。然后，严微微屈腿，祈祷三声，好戏便上场了。18 秒之后，一整只鸡被大卸八块。狂热的死忠粉们拿着手里的单反相机疯狂拍照。

我之所以选择"18 秒"概念，是为了方便说明数字及传统的重要性。所有事情都需要教育，在合适的时机传播文化。我会告诉你为什么数字 14 或 24 不太好。（在中文中，"4"与"死"谐音。）

我为主流大众制作了一档非常美国式的节目，节目里，我的一举一动并不代表典型的中国厨师，烹饪的菜肴也不是典型的中国菜。我的一言一行都不太一样——中国厨师不会声情并茂、手舞足蹈地介绍做菜过程。但是，我是一名老师啊，我已习惯抓住众人的注意力。教育和文化宣传，才是我的事业方向，而不是整日关在厨房做菜，与哗哗的流水声为伴。

总体来讲，我是个安静的人。可是，要在别人面前表演，观众总是有所期待的。

为了能深入人心，更贴近主流大众，我得给自己打鸡血。魅力源于热血活力，源于充沛感情；所以我需要活力、活力、活力！你会发现，我只要一站上舞台，就完全变了个人。

三 十多年的烹饪课程造就的轻慢人设让人们很容易忘记一点：严在节目上的形象说到底只是角色需要。初次看《甄能煮》节目的观众几乎要看上三集，才能跟上甄式节奏："看这个！看这个！……我要给你们展示……真是太……漂亮了。然后，把它切成一小片一小片的。1、2、3、4、5、6、7、8……大家一起说‘bā’！‘bā’！这是数字‘8’的中文发音。小菜一碟！"

在厨艺秀结束后的签名环节，严略显倒时差的疲态。他此前去亚洲待了三周，刚飞行二十四小时回到美国。周围的粉丝不断要求合影："以防万一，我们再拍一张吧。"老人们一直问他们关心的问题。（"你的饭店是不放味精的，对吧？"）对于这些，他都热情回应，看起来总是有无尽活力。不过眼底的黑眼圈出卖了他。你完全有理由怀疑，经过这些年，他真的还喜欢这份事业吗？

人不能太假。伴装会很累。我是真正热爱我现在所做的一切。如果你感受到趣味、感到了快乐，那就胜过了所有，并能感染身边的人。其实，我并不认为我对烹饪艺术做出了多少贡献，中国菜、中式餐厅、中国果蔬店正蓬勃发展，解决了众多新移民的就业问题。亚洲美食越来越成为主流食物，跟人们生活息息相关。我只希望《甄能煮》这个节目能对此有所助力。不过，我感到愉悦，不仅在于自己为烹饪艺术做出了贡献，还在于我可以向人们展示如何热爱自己的职业。这对我尤其重要。

在美国，很多人去烹饪学校学习，完全是冲着上美食节目去的。那样很不靠谱。不信看看那

些名人。我认为，这些孩子在将来的人生路上肯定会失望的，只有少数人能出名。

烹饪学校的毕业典礼上，我总是先谈我的处世哲学及人生经历，再强调专业及技能。当今许多学习烹饪的学生根本没有足够的厨艺技能，即便是经过一至两年的学习，好多学生连刀都用不好。

他们就想着，如果我能出现在 YouTube（视频网站）上，如果我做些蠢事……为了获取知名度，他们什么事儿都干得出来。他们只看到来自穷乡僻壤的无名小卒一举成名，成为焦点人物；可是他们忘了，那只是千万分之一的概率——99.9999% 的人都失败了。社会不会教人知足，而求而不得正是现在大多数人痛苦的原因。

如果人们认可我做的事儿，我也会很开心。如果他们不认可，并认为我没那么优秀，我也不会为此烦恼。餐厅如此，托马斯·凯勒也如此：他曾经是世界排名第一的厨师，现在他已成为过去，丹麦还是西班牙的一位厨师在第一的宝座。我并不认为他就因此消沉。他曾经辉煌过，对吧？我也不认为他应该感到失落，再说，第一和第二又有啥区别呢？一个人真想成为第一，在我看来，疲惫不堪，压力巨大。我没必要争第一，也不在乎第一

的名头。

如果你的餐厅非常成功，你就自认为冠军宝座非你莫属，那就错了。中国有句话"一山更有一山高"。也就是说，你认为这座山是最高的，可当你爬到山顶，一座更高的山峰矗立在前。你认为你是第一，但总有另一个人比你更强。

中文里还有一句叫"树大招风"。树长得越高越茂盛，风一吹，受力就越大。人爬得越高，就越冷越孤独，"高处不胜寒"啊。而我不喜孤独。为什么要把自己置身于重重压力之下呢？我没有任何压力和紧张感，我感到很快乐。

2008 年，严开办了马丁·严烹饪艺术中心。不过不久就关门了。本来，他将与肯德基和塔可钟的母公司——百胜餐饮集团——合作，开设一系列的"甄能煮"快餐店。可是，在大部分的餐馆开张之前，他的合作伙伴因脑动脉瘤离世。他说："我们原本计划今年开五十家连锁餐厅的。"

我们坚信，烹饪艺术中心是一个多元的项目。游客前五天在中心里了解中国各地区的烹饪方法；之后的七天是厨艺及文化相关的观光。此中心耗资三百万

美元，于2008年5月建成，坐落在一片漂亮的荔枝园之中。但是，当年6月，中国南方遭遇了60年不遇的特大暴雨，我们已竣工的大部分工程被毁掉，屋子到处漏水。更糟糕的是，西藏发生"打砸抢烧"事件，政府缩减了很多个人签证的发放，特别是面向欧美人的签证。所以，我们不得不返还四十个人的报名费，每人5000美元。那是一笔不小的数目。我个人损失超过30万美元。但这对我来说并不是一大败笔。现在，我们在北京开始做类似的尝试。你必须继续前行，接受现实。世间万物皆平衡，即"阴阳"。只要你尽力拼搏，公平竞争，你会得到应有的尊重。想到这些，我顿觉心安。

我不开餐厅，是因为我想挣大钱。我想实现自己的梦想，我的餐厅需要作为助力我梦想的一个平台，继续弘扬中国烹饪及中国文化。在我看来，中国菜已经成为主流。总的来说，任何一个人口超三千的城市都有中国餐馆的影子。

如今，你会看到专卖锅贴的餐馆，只卖馄饨和粥的店，还有专营客家菜的馆子。在过去，广东文化是最活跃的。为什么呢？因为从香港过来的移民非常之多。现在，四川饭店、湖南餐馆越来越受人们喜爱，其口味更适

合年轻人。三十年前，寿司几乎很难见到。而今日，寿司卷几乎随处可见。互联网和旅游的发展，以及曝光度和移民带来的影响功不可没。

突然，你发现，温哥华旁的里士满和旧金山的一些地方，俨然是亚洲小镇的模样。许多中国人领着同事来到这里就餐。一下子，他们不出国门就能领略中国菜肴、中国风味。虽然美国的中小城市还未有此趋势，不过，在主要城市，中国美食正以迅猛之势发展。

在旧金山的唐人街走一走，严宛如国王巡视他的领地一般。1970年，严从加拿大的卡尔加里移民到加利福尼亚，开始在加利福尼亚大学戴维斯分校上学。为了挣学费，他带学生去唐人街，给他们当导游，带他们游览寺庙及福饼作坊。自己则吃点儿点心，结束忙碌的一天。

今年，严已六十三岁，这里一切如旧，并没改变多少。我们绕着唐人街踱步，他不时指指旧时常去之地。其中有一家地下室餐馆——锦乐餐馆，他三十多岁的时候经常在这儿就餐。在大丰和药材店（1922年就已开张），严和店员打趣一番后，戴上药物雾化面罩，吸了几下。似乎每隔两家店都有马丁·严的马克杯摆在橱窗上。

5分钟的时间里严被人叫住了5

次，就连路边的乞丐都认出了他，溢美之词不断。严开始翻找口袋里多余的零钱，嗯，因为他现在不得不施与。他走进一家最喜欢的小餐吧——斯托克顿大街上的食悦烧烤。"这家是旧金山最好吃的中式烧烤店之一。"严介绍道。我们走过一张他自拍的大头照，是祝福该店生意兴隆的。店老板立马认出了他，将一盘烤肉硬塞进他手里，给我们尝尝。一口下去，烤乳猪外层酥脆的皮在齿间嘎吱作响，唇齿留香。大片的烤鸭肉，刷上提取的油脂，看起来非常美味。眼前的美食诱惑力太大，隔着鞋子，我都感受到我的脚趾抠紧。"绝对一流！"严对着厨师，用其低沉有力的粤语夸赞道。

之后，他在隔着几家店的盛兴超市买了点儿荔枝和长长的香蕉。超市前，一群中国老妇人聚在那儿，在废弃的纸箱里翻找着什么。她们把找到的片片白菜茎装进塑料袋里，要知道那是别人扔的垃圾。如此景象，让我有些沮丧。但严看到的却是积极的一面。"她们并不为此感到羞愧。她们其实特别善于应变。"他说，"那些都是优质的白菜，只做做汤，为啥要花钱买呢？"

我的母亲经历了"文革"。当时我家做着小买卖，开了间杂货店，由于这个原因，我们被贴上了走资派的标签，母亲被剃光头。但是，她足够坚忍，我身上的韧劲也正是受她影响。她是一

个强者。

当时食物极度缺乏，我们把鹅卵石与豆豉一起炒，然后舔掉石头上的豆豉，再吃一口米饭，心理上感觉自己吃了好多东西。

所有的东西都定额配给。我们每年只有两码[1]布，每月4盎司[2]的油，生活极其艰辛。我认为，要是那样的困境我都能挺过来，那么任何困难我都能克服。

当时，他叫甄文达，生长于中国南方广州市郊的一个村庄。他五岁丧父，平时需要照顾更年幼的弟弟，母亲则打理杂货店。母亲要晚上很晚才回家，幼小的马丁便学会切菜，自己准备晚餐。日复一日，他刀功日益精进。十三岁时，家庭状况愈发糟糕，在母亲不断鼓动之下，马丁终于成功脱离了中国内地。他瞎编了个故事，说要去香港的一个亲戚那儿取父亲留下的遗产。于是，他跨过边境，在香港待了8年，与内地的家人断了联系。

就当时来说，你的内心已满是疑惑，所以并不认为这是父母抛弃了你。当父母说"你不用再回来了"，你也就真不回了。当时的我年轻、迷惘、直率，并没把这当回事儿，因为当时世道太

艰难，没吃没喝。事实上，我特别庆幸自己逃离了那个环境。我是幸运的。我的弟弟当时太年轻，从广州步行去北京，他长途跋涉足足四个月。当你年少离家，你会很快成长，变得成熟起来。后来你发现自己被卷入无法掌控的洪流之中。我不是那样看待一件事的：这是份好工作、我在挣大钱，或者我丢了饭碗。那样会令人难以接受。但是，当你从零开始，白手起家，即便你只收获一点点，你都会感觉满足。

现今，我敢保证，我的许多同事及其他名厨比我做得要好得多。艾梅里尔可能要比我厉害一百倍，因为像他这样的大厨，身边的人群之中不乏头脑敏锐之人，他们更具商业头脑。但是，我根本没必要跟他们相比。我一天做演讲或上电视节目挣的钱，中国的农民要挣上十几二十年，如果这样比就太不公平了。

几年前，我回国见了所有的小学同学以及周边一起长大的玩伴。他们还是一无所有。他们甚至没法理解我到底拥有什么，那太抽象了。我没有谈论我所做的事情，这让他们不太好受。他们甚至不能设想美国生活到底是什么样子，因为那与他们没有任何交集。他们生活窘迫困顿，容颜衰老程度甚于我。我们畅谈过去，他们唏嘘自己虚度了人生；

"文革"剥夺了他们上大学的权利。他们牢骚满腹，感觉自己因此错过很多机会。那次会面，让我再次意识到，我是多么幸运，离开得恰是时候。

马丁和妻子苏珊住在圣马丁县的一个山腰上，那里凉风习习，离北边的旧金山国际机场仅十分钟车程。他们育有一对双胞胎儿子，德文和柯林，现在是大三学生。房子面积约5400平方英尺（约合500平方米），有五个房间及一个三门车库。对于一个在六十个国家直播电视节目的偶像来说，这个房子显得略为朴素——不奢华，却又不失温馨舒适。严正在厨房为即将推出的冰冻炒饭试味作准备，好决定最优冰冻程度。他的朋友、美食顾问阿尔弗雷德·陈正在用微波炉加热4个塑料袋，然后将其各自放到纸碗中。有些纸碗装着胡萝卜、

1 编者注：码，英制长度单位，1码合0.9144米。
2 编者注：盎司，英制质量单位，1盎司合28.3495克。

玉米和水煮咸味毛豆，另一些则装着葡萄干和枸杞。

如果连我自己都不喜欢一种东西，我才没有心思想着如何改进和提升它。它首先得令我满意。首先，我得对自己设计和售卖的东西感觉良好；之后，你研究菜肴时，才能了解人们的需求：健康、少盐、少油。这得优先考虑。就像虽然我自己并不排斥味精，但我也不会使用它。因为市场需求如此，你没有必要费时费钱地反其道而行。关于鹅肝也是如此。每天，都有动物被宰杀。如今，加利福尼亚已禁止售卖肥鹅肝，因为我们的动物权利保护者说这样太残忍。作为主厨，除了随大流，又能做些什么呢？人们呼吁更自然、更健康的产品，所以我们不能使用化学制品、添加剂、味精等。我们尽可能地使用自然调味料。

举个例子：人们几乎不会往炒饭里加葡萄干或枸杞。但人家不用，你就不能用吗？炒饭就是炒的饭，并没有所谓的传统的正宗的炒饭。比如在一家典型的炒饭餐馆的菜单上，你会看到有蔬菜炒饭、有蛋白扇贝炒饭，还有扬州炒饭。这些都是炒饭，并没有哪样炒饭是正宗的。中国北方的炒饭方式与南方不同。让四川的厨师掌勺，他会在炒饭里加辣椒。在中国，炒饭没有一个标准的烹饪法，它跟一些传统菜如火腿蛋吐司不是一类的。即便是制作火腿蛋吐司，厨师也可以自己开发新的酱料、新的味觉体验。所以，准确地说，传统的定义是制作菜肴的过程方法。中国厨师可以用任何食材做菜。如果他们去秘鲁，就不得不采用秘鲁当地的原料，去古巴，不得不用古巴的原料，但是，说到底，他们做的也是中国菜。

"甄"能煮"餐饮公司的总部坐落在离他家不远的一个灰蒙蒙的商业园区，临近高速公路。它看起来就像是马丁头号粉丝的卧室一般，墙上贴着《早安美国》和《艾梅里尔直播秀》的电视剧照，有严跟比尔·科斯比（美国黑人演员，被称为"电视喜剧之父"）和杰·雷诺（美国脱口秀主持人）交谈的照片。一个陈列柜上方摆着一些方便面的纸盒，上面印有严的肖像。我注意到一幅电影《甜甜屋》(Love Knows No Bounds)的宣传海报：这是一部新加坡的电影，1995年上映。严在电影里饰演名厨金刚，意外卷进离婚少妇秀慧与洪杰的三角恋之中。洪杰是一个坏男人，欠了卜基集团一大笔债。大厨金刚身负非凡厨艺。在一个关键场景中，他手指蹦出火苗，一会儿又变成巨大的螃蟹形的火焰。

在1982年搬去旧金山，开始在旧金山公共广播电台主持《甄能煮》之前，严的厨艺秀已经在加拿大电视节目上播放了三季。我们播放了一集1981年的节目。要么是因为年代久远，要么就是太加拿大式，这档节目让人感觉怪怪的。34岁的马丁与助手塔米·王从帘子里走出来。塔米穿着华丽的秦朝缎带裙。他们深鞠一躬，严敲响锣，说道："欢迎准时收看最好的中华厨艺秀。"当时，他的声音比现在高两个八度，让原本就夸张的表演显得更浮夸了。

我热爱烹饪，它如云霄飞车般变幻莫测，让我开放思想，敞开心扉。无论是在职业还是个人方面，我都遇到了打心底敬佩的人，学会了欣赏他人的天赋。有些人明明是大师，却谦恭有礼，与其共事，你自然会深受影响，学到点儿什么。

我学会了欣赏，学会知足。我认为，简单的基本的道理其实非常适用。快乐并不需要诸多条件。问题在于，你生活在一个高度商业化、竞争激烈的社会。

由于工作原因，我得到了很多中国人没有的机会。我可以环游世界，见到拥有超凡技艺的人们，学习新技能，与主厨及家庭厨师共事，与世界顶级大厨合作。他们无一不启发着我。并且，他们中的大部分都很友好。

现在，严正忙着筹备一个新的餐厅项目：M.Y. China，位于西旧金山购物中心。他形容这家店的主打是现代背景下的传统中国菜，重点强调了戏剧演出效果。在我逗留的最后一晚，严把我及他的几个生意伙伴带到邻城戴利城的餐馆"鲤鱼门海鲜茶寮"。（严与这家店的老板打算合伙开M.Y. China，我造访之时，M.Y. China还处于筹备阶段。）我们品尝了一些仍处于开发阶段的菜品，包括豆腐丝酸辣汤、一笼三鲜包，其中包括一个鱼子酱小笼包以及一个法式羊肉末加上红酒腌渍的亚洲梨小笼包。严用他的手机拍了几张照片，并给出反馈意见：梨腌渍得有点过了。

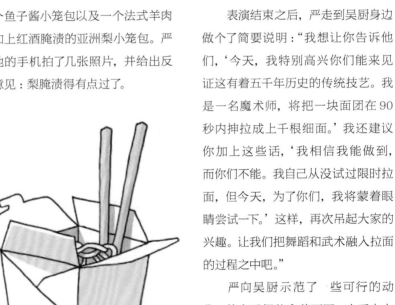

厨师托尼·吴走进我们的包间，手里拿着一块生面团。他在离桌10英尺的地方站定，房间顿时鸦雀无声。只见他如打开手风琴一般将面团拉伸开，再对折绕成辫子状，然后开始甩面。他将面甩向肩膀，在后背绕一圈，又甩向食客。他配上舞蹈动作，还用普通话唱着什么。严和他的伙伴面露喜色。助手上前将吴厨的双眼蒙住，他开始慢慢抻拉，只见面由一变二，二变四，幂次递增，到最后大约有1024根细面。

表演结束之后，严走到吴厨身边做个了简要说明："我想让你告诉他们，'今天，我特别高兴你们能来见证这有着五千年历史的传统技艺。我是一名魔术师，将把一块面团在90秒内抻拉成上千根细面。'我还建议你加上这些话，'我相信我能做到，而你们不能。我自己从没试过限时拉面，但今天，为了你们，我将蒙着眼睛尝试一下。'这样，再次吊起大家的兴趣。让我们把舞蹈和武术融入拉面的过程之中吧。"

严向吴厨示范了 些可行的动作。他右手假装拿着面团，右手向左划了一道弧线，又回到原位，之后跪在地上，旋转一圈，再反方向转一圈。严希望看到更多创意，像北京奥运开幕式那样大胆创新。这一点可以看出严的特质：如果你想让学生掌握你教的东西，你得先给他扼喉一击。◆

CATSKILL FIX

卡茨基尔灵丹妙药

里克·毕肖普
谈人参

文：彼得·米汉
摄影：加布里埃尔·斯塔拜尔

野生人参成片地生长在美洲东部的密林山区，从阿巴拉契亚山脉一直向北延伸至加拿大。

早在美国统一之前，人们就已经在各州收集野生人参。如今，民间的毛皮商贩仍在从自称"shanger"的山民手中收集人参，这些山民专门在山中搜挖野生人参。商贩们以高价将这些人参卖给中国的进出口商人，中国进出口商人再以更高的价格在太平洋地区出售人参。

关于美洲人参的大多数文献主要记述咀嚼人参的药理作用。（如果我们还是高中生，我想卖点人参给你，我就会告诉你人参是一种兴奋剂，当然这种描述是以偏概全的，例如没有提及其中士的宁的作用，但这种推销方法很有效。）咀嚼人参能让人精力集中、精神振奋、血液循环加快。

传统中医认为，人参滋阴、补血、提肺气，能够安定精神、增强活力。美洲产的人参与亚洲人参不完全相同，亚洲产的是人参（panax ginseng），美洲产的则是花旗参（panax quinquefolius），不过两者同样有效。在美洲，野生人参依然数量可观（而在亚洲，野生人参几乎已被采掘殆尽），并且被认为比人工培育的人参具有更强的功效。一则轶事可以证明这一断言。

在某些地方，人参被称为是"躲避人类的植物"。几乎每个采掘野生人参的人都跟我讲述过这样的经历（似乎大多数在山里搜挖这种难以被发现的细小植物的山民都很爱讲述自己的故事），即在岩石密布、树木丛生的山腰上苦苦搜寻了数小时之后，终于发现了一根人参，于是停下喘口气，跪下准备把这棵得之不易的植物挖出来时，才发现这周围一片都长了人参，而自己本该在数码之外就发现这些植物的存在。

对于懂行的纽约人（尤其是厨师）来说，里克·毕肖普是他们的野生人参线人。毕肖普的山野甜莓农场会在每周三和周六的联合广场绿色市场里搭起一顶帐篷，而他的农场是仅有的几个会将野生人参带到纽约的农场。（另一个是浆果宝藏农场，也可以去卖槭糖浆的小贩那里碰碰运气，因为人参喜爱生长在槭树附近。）2012 年，我随同里克进行了他当年第一波野人参收购行动，顺便问了一堆关于他

"野人参情缘"的故事。

人 参

什么人在采掘野生人参？你又是怎么知道这些的？

里克：采参人都是山民。25 年前，有个名叫哈弗的老伙计为我工作，是他教我认水田芥、蕨菜等等，几乎所有你在山里可以吃的植物。当提到人参，他说："你在纽约应该可以把这些东西卖给中国人。有个叫李先生的，他肯定愿意买。"我说："这消息可真可靠！太谢谢了，我想我一定能在唐人街里找到那位李先生。"

之后，我只去了一次唐人街，那里的人们说："不！不！要干的！"但是我不喜欢晒干的人参，我觉得新鲜的更好。鲜人参有种淡淡的光泽。但是唐人街里的人看不上鲜人参。但即使是在冬天，我也让我的人参保持新鲜。（几乎所有市面上能买到的人参都是干的。）

哈弗给我看了人参是如何生长的，以及它们长啥样，于是我就去野外搜寻人参了。有时候，我一天都一无所获，有时候，我能找到三四根，有时候则能收获一磅。不过，寻找人参总是很花时间。

哈弗也帮我弄来了些北卡罗来纳参，因为他老家在那里。北卡那里红色黏土比较多，但那里的人参质量很好。在从阿什维尔到波科诺斯，一直到西弗吉尼亚，树林里有许多野人参分布带，我们这儿正是其中之一。（里克的农场在纽约州罗斯科地区附近。）从这附近到阿迪朗达克山脉，北边的佛蒙特州也有一些，但我从来没有去过那里搜寻人参。

在这里，人参可是大名鼎鼎的，因为秋天你可以用它卖不少钱。夏末到初秋时节，这一带夜间就开始上冻了，除了用作圣诞节装饰的短叶松之外，再没什么其他植物能够生长，靠地吃饭的山民就不得不勒紧裤腰带等待冬天的过去。

但随着农场越做越大，我就不怎么花时间满树林跑了——毕竟一旦经营农场就很难轻易离开，况且我之前已经花了不少时间在树林里搜挖。因此，我开始召集一批人，

让他们去不同地方的树林里搜寻，而无论他们从林子里挖到什么，我都统统买下来，把这些东西带到城里卖。

在 20 世纪 80 年代末的一段时间里，我每周三、五、六在联合广场售卖农产品，每周六还会赶场在大军团广场、西五十七大道和第九大道售卖，周日则在汤普金斯广场公园、第七十七大道和哥伦布市场售卖。那段时间我真的很拼，每天连轴转，回到家喝两杯威士忌，睡一会儿，然后起床，喝一壶咖啡就又出门了。

那段时间，我也一直嚼人参，简直把它当作可卡因，一直嚼啊嚼，几乎不睡觉。要像我那样疯狂地赶场售卖，你得不停地嚼人参，这样你就能保持清醒，眼睛睁得大大的，算数还不会错。你的身体可能已经疲惫了，但你仍能保持精神振奋、思维敏捷。

有个经常从我们这儿买东西的针灸医生提醒我，说我吃的人参太多了。"你会变蠢甚至疯掉的！"他曾经这样告诫我。他还带了些关于人参滥用综合征的资料给我看。竟然还有人参滥用综合征！逗死我了。于是，我在我的谷仓办公室竖了块警示牌，提醒自己小心滥用人参。

1986、1987 年的时候，我食用人参都还比较节制。但后来，我开始渐渐养成了这种疯狂的生活方式，并且发现我可以边嚼人参边开车，这样我就能保持清醒，一路开回家了。（那时候，我头发比现在更多更长，于是我找到了另一个帮助我保持清醒、开车回家的方法：我就把头发夹在车窗玻璃里，这样只要我开始打盹，车窗就会拽住我头发，把我揪醒。）

然而，有一天我正一边嚼着人参一边给卡车装货的时候，我的头突然一阵剧痛。我一只眼睛突然看不见，脑袋一跳一跳地痛。但我还是设法把车开到了市场上。第二天，我去看了医生，医生说我需要进行脊椎抽液，但那儿的医院做不了，因为那只是家乡下医院。我试着戒了一段时间的人参，但头却还是疼了足足有一个星期。事实上，我脑袋里有根毛细血管爆了。

那之后不久，我又慢慢开始嚼人参了。又有一回，我刚刚嚼了一根大的人参，正在使劲儿搬什么东西，然后突然

间，我的头又开始剧痛！这时，我开始意识到我该小心了，我可不想因为嚼人参而瘫痪，于是我开始注意用量。但不可否认，人参确实能给你力量，帮助你完成原本累得做不到的事。

交 易

与里克一起驱车去见一位人参采掘人，我称他为 H。H 是本地人，65 岁的他自打会走路起就依靠这片山林养活自己。他在家里 14 个孩子中排行第 13，母亲在他 4 岁时便去世了，5 岁时他就帮助自家农场旁的一座高尔夫球场寻回打进山林中的高尔夫球，以此挣钱给自己买衣服。（"那时，我还要照顾牲口、铲屎、扎干草、挤牛奶。"）13 岁时他就独立生活了。

从那以后，H 干过很多工作，他也有很多兴趣爱好，承担了很多责任。但他说，搜挖野人参"是我最愿意做的事情，就连猎鹿也比不上它——尽管我喜欢打猎。相比看见一头公鹿朝我走来，我更愿意发现一个又大又老、长着四根枝条的野人参静静地躺在土里。我更喜欢挖人参；也许这是我天性使然"。

人类不负责任的采掘对于野生植物而言是一大威胁，不过对于野生人参来说，这个威胁并不很严重，因为生长时间更长、更加粗糙多瘤的人参是最珍贵的。采掘人参的最佳时节是在夏末／秋初，那时，人参的根会发出几根长着五片叶片的枝条，上面会结出红色的果实，那就是人参的种子。

里克：你昨天出门了？

H：对，我们昨天搜了几座山。

里克：大概走了多远？今年你出去了多少天？走了三周？

H：我都不记得了。对了，你手上这个人参可真不错。

里克：这没什么，只是个已经成熟了的人参。

H：是啊，你可不能挖那些只发了两根枝条的人参。

里克：但有时，你也把不准——有些人参从地面上看来有个

很大的头部，但挖出来才发现只长了5到10年。

H：我通常会先挖开人参周围的土，看看它们身上有多少褶皱，然后才会把它们整个挖出来。（这些褶皱是人参根顶部的纹理，类似蛤壳上的条纹和树的年轮，能显示这个人参长了多少年。）我最早开始挖人参的时候，没有人想要绿色的、新鲜的人参。唐人街里的人想要干人参，最好上面带着泥土。我用牙刷把人参清洗干净，他们觉得那是人工种植的人参，因为那些人参晒干之后很白。

里克：所以他们不愿意按照野生人参的价格付给你钱，但你至少可以用人参上的纹理证明那是野生的，不是吗？

H：不，他们是按照野生人参的价钱买的，但他们试图告诉我那是人工种植的人参。

里克：你见过人工种植的人参吗？

H：不，没有。

里克：我在威斯康星的时候见过，那些人参看起来像胡萝卜，或者牛蒡，又大又肥，还很直，看起来品质一点也不好。

这时，里克已经打开了两个沃尔玛购物袋，里面装满了人参。他将它们分类摆放在 H 家后院的一张玻璃野餐桌上。他就像一个过圣诞节的孩子，或者更准确地说，像一个正在收获的大麻种植者，精挑细选出最佳样本，赞叹它们：里克对人参的钟爱有点像《指环王》中咕噜对魔戒的痴迷。"这根适合做试吃样品，设想，晚上九点你家里来了九个客人，你把这个分给大家嚼嚼就能轻松渡过难关。""哦，瞧瞧这个家伙，它显然有一定年头了，但个头这么小，只能作独家享用，一天就能吃完。"里克这么说着，生意就成交了。他从一小沓一百美元钞票中数出几张，买下了 H 的货。

回 程

里克开车从 H 那儿回他的农场分类存放收购的人参，在回去的路上，他不停地望向山林。

里克：我真想进林子里去。我心里已经想好地方了。但我不得不回农场去收获作物。我们的农场主要种植两种作物：土豆和草莓。草莓就要成熟了，而土豆看起来很茁壮。这两种作物每种能帮我赚到大概几十万美元。其他的诸如豆子和香草则无足轻重，只是为了让厨师们开心，但我必须用心照看土豆，直到 11 月它们全被收进仓库里，否则我就是个傻子了。我心里可真难受，就好像我遗弃了我的孩子们。

功用 / 买家

待回到里克的谷仓，我们又继续聊起了人参。

里克：过去在 20 世纪 80 和 90 年代，华尔街的那些家伙们成吨地购买人参。他们到我这儿来，告诉我吃人参可以让他们头脑清醒、保持对数字的敏感。田径运动员和举重运动员也来买人参。我有个买家是职业网球选手，他说吃人参有助于提升他的比赛表现。有个艺术家说吃人参赋予他灵感。还有个买家患有甲状腺癌，他买人参是因为他相信吃人参对腺体很有好处。这些人都是我的买家。有时，一些穷困潦倒的瘾君子也会找到我，说："嘿，老兄，你有参吗？你得给我点儿，让我过过瘾，我浑身疼着呢。"

这种情况可真是棘手，因为我做生意的时候我的家人也陪在我身边，他们会问："爸爸，你在卖什么？你是在卖毒品吗？"这可不好。

我有个人参买家，这家伙服用人参大概有三四年了，他当时在肯尼迪航天中心工作。他徒手刻画玻璃做成玻璃门，他的工作时间很紧张，经常要在门就快安装使用了才开始着手。他告诉我他只要喝上几杯卡布奇诺，再嚼上一大根人参，就能"下手如有神"。那时，我已经经历过了头部血管爆裂，便提醒他要谨慎服用。结果，有一天他正在刻玻璃的时候，突发中风！他后来告诉我说，那天他喝了四杯卡布奇诺，又嚼了好几根人参，结果，砰，他进医院了。

服用人参大约三周后你就能感到精神焕发了。垂体、甲状腺、肾上腺、前列腺——人参能够增强这些腺体的机

里克的人参分类系统

我们接下来谈到了如何嚼人参，以及如何分类筛选人参。我请里克详细阐释了他的私家人参分类系统。

"舞蹈者"

像人一样长着腿的人参，是大补的人参。

"菩萨"

我们叫这种人参为菩萨，因为它们又矮又胖、又短又粗而且饱经风霜。它们很耐嚼。

给人参命名

我给人参起名字并不是根据什么关于人参的正史；全都是我和李·汉森两人想出来的。说白了，有名字、有特点的人参在懂行的人里卖得好。我学到的一招是，中国人认为人参的功效在于它的茎（也就是地面上的那部分），人参的火气则在于它的根须。你可以靠数人参根顶端的褶皱，或者说一圈圈的纹理，来判断它长了多少年。依我的经验，生长时间越长、体积越小、生长环境最艰苦的人参——那些在贫瘠的、阴暗的、多石的地方生长了12甚至16年的人参，还比不上小孩子的小手指大小，但却是功效最强劲的。表面光滑的人参——就像美国中西部人工种植的那些——往往就没那么有效。

"盆栽"

所有那些很老但又很小的人参。这些是真正的精品。

"胡萝卜"

我们最不想要的就是这种又长又直的人参，不过生长时间更长的野生"胡萝卜"人参也好过人工种植的。

人参泡金酒

有一次我用了一整罐人参泡添加利金酒。我把它藏在办公室里，准备在架子上放一年。当时我手下有个家伙是个酒鬼。你大概能猜出后来发生了什么。

一天晚上我们下班后出去玩，他说个不停，还不愿意回家。他就一直说啊说，我好不容易才开车把他送到家，实在想不明白他这是怎么了。直到第二天早上，我检查后才发现他把一整罐泡了人参的酒都喝了。所以你一定得小心人参酒，它称得上是一种比较原始的四洛克酒了。

价 格

新鲜的人参一磅不到500美元，不过十来盎司人参够几个月用量了，除非你得了人参滥用综合征。

嚼着吃

嚼的时间越长越好，把它放在你舌头下方，它就会进入你的血液里。最好在下午2点前嚼人参，以免失眠。

能。你能切身体会到这一点。你整个人会充满活力。人参不同于药物、可乐或者咖啡那样的一般刺激物，那些东西的提神效用是短暂的。人参的功效却似乎成了你身体的一部分。它能够增强你的腺系统，补充你的体能，即使你没有在嚼人参，也能依然精神饱满、身体强健。

可能一开始你的想法是，啊，我真的必须完成这项或者那项任务，或者我真的必须起床。于是你熬夜加班，然后开始因缺觉变得有些暴躁。我觉得有时候自己甚至有点像个纳粹。我不苛刻，这不是我的风格。不过我觉得这对于管理后厨来说是完美的。

李·汉森曾经做过纽约丹尼尔餐厅的帮厨。（他现在是纽约敏奈塔酒馆的行政主厨，也掌管基思·麦克纳利餐饮帝国的大部分餐厅。）丹尼尔餐厅的厨师特别带劲。在亚历克斯·李掌管后厨的时候，餐厅的后厨就是最炙手可热的地方——就像20世纪80年代的《周六夜现场》节目。那里聚集了最有天赋的厨师，后来这些厨师都从餐厅走出来独当一面，成了名厨。

当时，李、里亚德、亚历克斯还有我，我们都嚼人参。

后来，李和我一起卖东西了，我们一起卖了很多人参。本来我们穿着围裙来收钱，但当时我们吃了太多的人参以至于我们都不能穿围裙收钱了；我们不得不用一个托盘装钱，因为如果我们摸到了围裙里的钱，我们就会莫名其妙地勃起。这简直是荒唐可笑，但想想当时我们真的吃了太多人参。李其实是个非常冷静、很谨慎的人，但说来好笑，面对人参，他没能把持住。

库尔特·古滕布鲁纳的厨师们也都嚼人参。马克·拉德纳、亚历克斯·皮拉斯、史蒂文·科鲁兹——巴塔利餐饮帝国的很多厨师都是。怀利·迪弗雷纳以及让·乔治餐厅里的家伙们，都嚼人参。

现在，一些布鲁克林的年轻人也开始嚼人参。Per Se餐厅有个年轻的女厨师直接找到我说："给我来点人参。"还有很多女士是为了她们的男人来买人参的。据中国人说，人参不是给女人吃的，因为它会让你变成统治者。

不过有趣的是，去年我最大的一笔生意是卖了1000美元的人参给一位中国女士。让女人统治吧！也许她们更擅长管理后厨呢。◆

田园诗

北岛

音乐之狼迂回奔跑
山楂们吃吃窃笑

翻过一页，退潮
阳台上年幼的船长们
用望远镜眺望

东方与西方
一个切成两半的水果

我挂网捕鸟
在自己吐核栽种的
树下，等了多年

Pastoral

wolves of music weave their way at a run
hawthorns wheeze with clandestine laughter

turning a new leaf, tide's out
young ship-captains high up on balconies
look far away through telescopes

east and west
a single fruit cut into halves

beneath a tree from the pit I once spit out
I've hung nets to
trap birds, and waited how many years

外卖三兄弟

霍华德·爱泼斯坦并不是调味品包的发明者。耶尔·卡普兰和哈罗德·M·罗斯才是。他们在 1955 年发明了塑料小包装。（此二人组发明的"液体分料包"获得了专利号 #2707581。）但是身处冰汽水条产业的爱泼斯坦对小包装充满了热情。1968年，在一名中国雇员的启发下，爱泼斯坦意识到他用来装果味饮料的条形塑料小包装正好可以装酱油。他将公司命名为 kari-out [与"carry out"（带走）谐音]，并以熊猫作为公司商标。酱油小料包一问世便大获成功，1972年，爱泼斯坦又拓展业务开发了芥末酱包和烤鸭酱包，于是便有了当今人尽皆知、无处不在的中餐外卖三兄弟。

文：蕾切尔·孔
图：加布里埃尔·斯塔拜尔
& 马克·艾伯德

烤鸭酱

1953 年，《纽约时报》曾报道"一种桃子、杏子、糖和醋混合而成的调料……中国人称之为'烤鸭酱'；几个世纪以来，他们在烹饪时使用这种酱料"。

的确，在北京（且只在北京），自明朝（1368 ~ 1644）起，人们就开始制作烤鸭，但是并没有某种伴食酱料被应用"几百年"。（不过那时候的酱料与现在的不同。几百年前，人们很难得到如今大多数烤鸭酱包里的葡萄糖、黄原胶、山梨酸钾、苯甲酸钠。）传统北京烤鸭是蘸着甜麦糊吃的。

"烤鸭酱这个名字是在美国出现的，

因为这种酱料最早是作为炸酥鸭的配料，起初炸酥鸭没有专属蘸酱。"格雷斯·齐娅·朱在她的烹饪指南《朱女士的中国菜烹饪学校》（1975）中这样介绍。

与烤鸭酱最为相似的传统中国酱料是苏梅酱（plum sauce），尽管"plum"这个词并不完全精确。"Plum"（李子）和"prune"（梅）这两个词是中文中"梅"的最常见的两种误译。其实酱料的原材料更接近于杏子（apricot）。

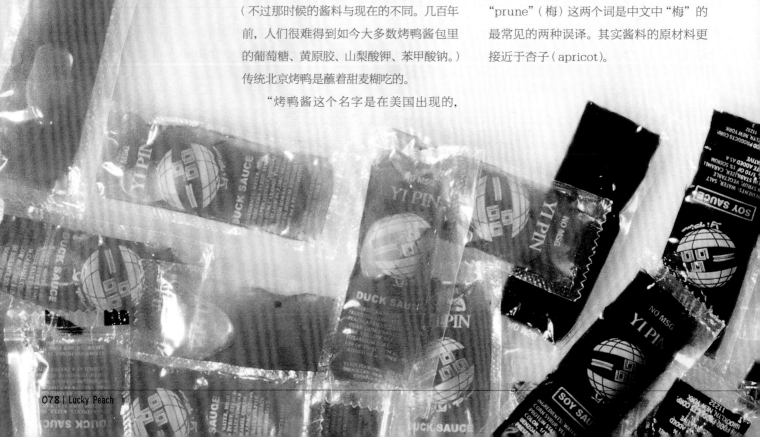

酱油

酱油已经问世 2500 年之久了，最早是在周代（前 1046 ~前 256 年）出现的。制作酱油的传统做法是在大豆和麦子中加入微生物发酵。（这是一个漫长制作过程的缩略版本。）

大多数外卖袋子底下挖出的酱油包并不含有大豆，也没有经过微生物发酵。水解植物蛋白是酱料中酱油味的秘密来源。HVP（水解植物蛋白）是通过在盐酸中煮沸谷物或豆类，然后加入氢氧化钠将蛋白质分解成氨基酸而获得。最后生产出来的深色液体中的氨基酸包含了谷氨酸，正是它为这种酱油带来了绝美的风味。

芥末酱

据《纽约时报》报道，"一罐带有让你的舌头起火的辛辣味的中式芥末"已经在 1956 年成为"所有中餐厅的调味品标配"。

芥末最早在周朝的宫廷菜肴中使用。芥菜籽至少有 40 种，颜色不一，有白色、棕色、黄色、黑色等。黑芥菜籽的味道最为浓烈刺激（芥菜籽颜色越浅，味道就越淡）。中式芥末酱和英式芥末酱的区别在于芥菜籽的颜色。英式芥末酱来自颜色较浅的黄色芥菜籽。中国的厨师更青睐深色的芥菜籽：黑芥菜籽或棕芥菜籽。深色芥菜籽的气味更加芬芳浓厚。

Kari-out 公司的一名客户服务代表告诉我，他们公司采用一种"近棕色的"芥菜籽来制作芥末酱。酱料中混合了水、芥菜籽粉、淀粉、醋、姜黄和 1%

的苯甲酸钠。姜黄使芥末酱呈现出明黄色，苯甲酸钠则是酸性食物（比如沙拉酱）、碳酸饮料和烟花（不可食用）中最常见的防腐剂。

#1 斯特莎诺，意大利　　餐厅：Ristorante Hao
价格：4 欧元　　摄影：莎瑞娜·谭

#2 符拉迪沃斯托克，俄罗斯　　餐厅：Resnichniy Les
价格：180 卢布　　摄影：叶卡捷琳娜·布托里那

#3 里约热内卢，巴西　　餐厅：Lanchonete chie e tak
价格：10 雷亚尔　　摄影：平元安宅

CHOW MEINIA
炒面狂热

世界炒面之旅

#4 马尼拉中央区，菲律宾　　餐厅：Emerald Garden
价格：120 比索　　摄影：维克多·伊恩·伍

#5 墨西哥城，墨西哥　　餐厅：Takenoya
价格：85 比索　　摄影：佐藤正木

炒面是一道永生的菜。它永不毁灭——永远不会从全世界中餐厅的菜单上消失。兴许有美食家嗤之以鼻，而于我，这款大众宠儿无处不在的普及性实在是前所未有。走进这个世界上任意一个城市的任意一家中餐馆，你都可以毫无压力地点一盘炒面。

最近我们就做了这样一件事。我们鼓励朋友们走进这个星球上的任意一家餐馆，记录他们当地的炒面的样子。在此，我们为您呈现了全世界各地的炒面，供您欣赏挑选。

——应德刚

#6 迪拜，阿联酋　　餐厅：China Garden
价格：18 迪拉姆　　摄影：

#7 埃德蒙顿，艾伯塔，加拿大　　餐厅：Lingnan Restaurant
价格：14 加元　　摄影：凯文·卢特

#8 艾尔顿，美国　　餐厅：Pineapple Restaurant
价格：6.95 美元　　摄影：应德刚

#9 马普托，莫桑比克　　　餐厅：LUA
价格：115 梅蒂卡尔　　　摄影：托马斯·坎巴纳

#10 巴黎，法国　　　餐厅：Asia Place
价格：9.5 欧元　　　摄影：林德赛和贾斯汀·肯特

#11 悉尼，澳大利亚　餐厅：Chinatown Noodle King
价格：11.5 澳元　　　摄影：泽娜·维梅特

#12 的里雅斯特，意大利　餐厅：BAR ROMA 4
价格：9.5 欧元　　　摄影：迭戈·阿尔蒂奥利

#13 布达佩斯，匈牙利　　餐厅：Kinai Gyorsbufe
价格：500 福林　　　摄影：鲁尼·斯科特

#14 墨西哥城，墨西哥　餐厅：Restaurante Bar 4 Mares
价格：100 比索　　　摄影：蕾切尔·孔

#15 布宜诺斯艾利斯，阿根廷　　Ciana Lagn
价格：25 比索　　　摄影：严基

#16 达喀尔，塞内加尔　　Hotel Hong Kong Ⅱ
价格：3000 西法　　　摄影：萨姆·甘特

#17 马普托，莫桑比克　　Goodluck Chinese
价格：250 梅蒂卡尔　　摄影：卡罗斯·利突里

#18 特拉维夫，以色列　　餐厅：Sing Long
价格：45 谢克尔　　　摄影：罗妮·斯科特

#19 米苏拉，美国　　餐厅：Pagoda Chinese Food
价格：7 美元　　　摄影：鲁里·挡迪

#20 纽约，美国　　　餐厅：Pine Court
价格：10.95 美元　　摄影：塔蒂阿娜·包菜斯塔

#21 火奴鲁鲁，美国　　　餐厅：Wah Kung Restaurant
价格：9美元　　　　　　摄影：JK. 李

#22 东京，日本　　　　　　　　　餐厅：Pasta-kan
价格：780 日元　　　　　　　摄影：大森真纪子

#23 普鲁士王市，美国　　　　餐厅：China King
价格：7.95美元　　　　　摄影：凯文·海德

#24 普罗维登斯，美国　　　餐厅：Dragon 2000
价格：5.95美元　　　　摄影：布莱恩·詹姆斯

#25 乌法，俄罗斯　　　　　　餐厅：IndoKitai
价格：390 卢布　　　　　摄影：哈利·利兹

#26 纽约，美国　　　　　餐厅：Shanghai Cafe
价格：6.95美元　　　　摄影：劳伦·罗

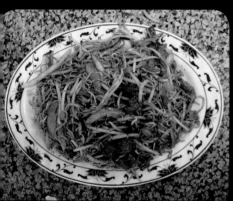

#27 洛杉矶，美国　　　餐厅：Wah's Golden Hen
价格：5.75美元　　　摄影：蕾切尔·孔

#28 香港，中国　餐厅：New Prosperous Congee Shop
价格：7 港元　　　　　　摄影：阿里森·拉姆

#29 达义市，马尼拉大都会，菲律宾　　餐厅：Kuse
价格：360 比索　　　　摄影：维克多·伊恩·任

#30 火奴鲁鲁，美国　　　餐厅：Ming's Chinese
价格：8.95美元　　　　摄影：JK. 李

#31 波茨敦市，美国　　　　餐厅：Beijing Garden
价格：6.95美元　　　　摄影：凯文·海德

#32 特拉维夫，以色列　餐厅：HaYam HaSini(China Sea)
价格：34 新谢克尔　　　摄影：瓦妮莎·科里

#33 伦敦，英国 　　　餐厅：Imperial China
价格：7.2 英镑 　　　摄影：德里克·博特罗

#34 圣胡安，菲律宾 　　　餐厅：Gloria Maris
价格：228 比索 　　　摄影：维克多·伊恩·伍

#35 北京，中国 　　　餐厅：日昌饭店
价格：26 元人民币 　　　摄影：玛丽莲·王

#36 北京，中国 　　　餐厅：东方饭店
价格：55 元人民币 　　　摄影：玛丽莲·王

#37 伦敦，英国 　　　餐厅：Friendly Inn Chinese
价格：4.5 英镑 　　　摄影：德里克·博特罗

#38 北京，中国 　　　餐厅：禾地餐厅
价格：87 元人民币 　　　摄影：玛丽莲·王

#09 墨尔本，澳大利亚 　　餐厅：1st Choice Restaurant
价格：8 澳元 　　　摄影：鲁尼·斯科特

#40 墨尔本，澳大利亚 　　　餐厅：City BBQ
价格：9 澳元 　　　摄影：鲁尼·斯科特

#41 巴黎，法国 　　　餐厅：Restaurant Tai-Yien
价格：12 欧元 　　　摄影：鲁尼·斯科特

#42 芝加哥，美国 　　　餐厅：Yu's Szechwan

#43 斯普林菲尔德，美国 　　　餐厅：House of Chow

#44 加尔各答，印度 　　　餐厅：Chinese Cuisine

郊区的中餐馆

文：许华　　插图：吉尔·格林伯格

　　唐人街不再仅仅指大都市里的华人街区。事实上，现在有些唐人街已经变成了真正的城市。过去，华人常常在周末跑去郊区吃一顿点心，喝几杯奶茶。如今，不少郊区已经成为亚裔人口占绝大多数的繁华城镇。

　　许华在加州的库比蒂诺长大。他的童年时期也正好是蒙特利公园这样的郊区唐人街的成型阶段。他在这篇文章里讲述了和父母一起寻找正宗中餐的故事，同时向我们介绍了他眼中的郊区唐人街。

　　此外，**吉尔·格林伯格**带着她的朋友埃里克·韦勒姆在阿罕布拉和圣加百利一路拍一路吃，为我们奉献了文中的种种美照。

THE
DEATH
STAR

BY
HUA HSU
ILLUSTRATED
BY YINA KIM

那是一个下午，我爸才刚到美国。他迷迷糊糊地在人群中找寻着自己的朋友。在他前往阿默斯特学院读研之前，他要和这个来自普罗维登斯的朋友一起住几周。这时候，我爸爸最不想做的事情就是吃中餐。巧的是，这位朋友不会开车，因此他让另一位朋友开车来波士顿机场接我爸，并答应请他吃午餐。他们在机场门口接到了我爸。寒暄了没多久，他俩就把我爸送上了车后座，还把他的行李丢进了后备厢。然后，他们就喜洋洋地朝波士顿的唐人街驶去。我爸才刚离开中国，就又要回到中国人之中。他俩之所以来波士顿机场接我爸，一方面是出于朋友间的情谊，另一方面也是因为这附近有普罗维登斯没有的食物。

我爸根本记不清这顿饭到底吃了什么，他从台北经东京、西雅图辗转来到波士顿，漫长的旅途让他有些恶心，更何况他已经吃了二十几年中餐。

他笑着说："对刚从台湾来的人来说，那里的食物不怎么样。可对普罗维登斯来的人来说，那里的食物肯定妙极了。"

几年之后，我妈也来到了美国（她的飞行路径是台北－东京－旧金山）。来接她的朋友让她足足休息了一整天，才把她带到了附近唐人街的一家中餐馆里。

我妈回忆道："我记得那里叫金龙饭店。后来那里还发生过一次黑帮火拼。我还记得那个地方。那是全旧金山最有名的中餐馆。带我去的朋友很兴奋，可我却一点胃口都没有。他们总以为从中国来的人只想吃中餐。"

那是 20 世纪 70 年代早期。我爸妈刚来美国的时候对毕业后的生活并没有什么清晰的打算。他们显然不知道，自己也会在接下来的几十年里，载着我一次又一次地开上几十千米车去吃中餐。我常常幻想他们不顾朋友的警告，为吃到熟悉的味道，跑进一家糟糕透顶的中餐馆的场景。我爸妈在伊利诺伊州的尚佩恩－厄巴纳相遇并结婚（他们在那里喜欢上了吃比萨），然后又在得克萨斯州住了一段时间（当地的牛排馆不怎么对他们的胃口），最后搬到了加州的郊区。也许这就是美国生活。你可以四处为家。这里有家乡

没有的机会。上班的时候别人会叫你
"Eric"，你还可以给子女取和美国总
统一样的名字。你可以成为基督徒，
你也可以爱上朗姆葡萄干味的雪糕。
你既可以成为古典乐迷，也可以当鲍
勃·迪伦的粉丝。虽然这里机会无穷，
我爸妈在刚到美国后没多久就发现了
这样一个事实：有时你得开半天车才
能找到一家好饭店。

中国人的迁移之路可以追溯
到几百年前。我们常常会
感到全世界到处都有中
国人。在 19 世纪 40 年代和 50 年代，
一船又一船的中国人从贫穷的广东来
到美国，渴望在不断发展的西部寻找
财富。他们修铁路（这样人们才能在
各处往返），挖金矿，到处找工作。不
过他们却很少搬家。受制于拜占庭法
规和社会压力，他们往往聚居在城市
里最差的角落。由于无力还乡（当然
他们也不愿还乡），他们开始建造自给
自足的唐人街。此后到"二战"之间
的时间，美国制定了限制华人移民的
政策。不过，这一政策在 1965 年发
生了转变，这使得我爸妈这样的年轻
中国学生得以来到美国定居和工作。

在唐人街几百千米之外的偏僻大
学城里，逐渐形成了中国学生社区。
我爸妈喜欢稳定朴素的研究生生活，
因此他们在大学城待的时间比较久。
同窗好友经常聚在一起吃饭（我妈会
在这时候做狮子头），他们还会结伴
去著名景点旅行。

我爸回忆道："有时候饭菜会做
得特别香，隔壁的高加索人每回都要
发脾气，抱怨上半天。"

我妈是在《生活》杂志上
第一次听说唐人街。20
世纪 50 年代的台湾贫穷
落后，为了让子女们了解外面的世界，
我外公订阅了这本杂志，他还给子女
们取了外文名字。不过对我妈来说，
"唐人街"显得十分陌生。

她对我说："我知道在美国有叫
唐人街的地方，不过我完全不了解那
里是怎么一回事。"

不过，我爸却认为："虽然唐人
街里主要是广东人，虽然广东话和闽
南话大相径庭，不过唐人街还是能让
你想起台湾。你能在唐人街里买到中
文报纸和杂志。那里还有中餐。"他
顿了顿，似乎是在寻找合适的辞藻：
"中餐是属于灵魂的食物。"

我从来没问过我爸为什么把中餐
叫作属于灵魂的食物。我喜欢这个说
法。也许这只不过是用来表达他心底

想法的英语词汇罢了。这个说法有些
过于形而上学了，如果我逼问他其中
的意义，他很有可能会改口。

"百老汇七十二街附近有个地方。"
我爸突然说。大约 40 年前，在前往
尚佩恩 - 厄巴那之前，他在曼哈顿住
过一段时间。他每次来曼哈顿找我的
时候，仍能清楚地记得这里的街道和
路名。"那有家供应油条的中餐馆。"
油条是能让他想起台湾的东西之一。
尽管那里每周只供应一次油条，可在
大洋彼岸的学子却仍能顺着油条的香
味找寻到故乡的记忆。

大学城离唐人街很远，多
亏那里有不少外国留学
生。由于我爸工作的原
因（他是个工程师），我们后来搬到了
达拉斯的郊区。这里的房子很大，大
得让人有些无所适从。几年前，我在
家里找到了一张泛黄的剪报。这张剪
报就属于我们住在达拉斯的时期。剪
报的内容是我妈发布的一则分类广告
信息：

中式烹饪课程——
包原材料学中餐。每节课 12 美
元。更多资讯，敬请联系许女
士：867-0712。

我妈回忆道："我们刚搬到那里
的时候，整日无所事事。我就想到了
这个主意。那里很少有中餐馆，更没
人从事中式烹饪教学。那里连白菜都
买不到。"我惊讶地发现，我爸妈也

会因为生活无趣而感到压抑。我妈一个电话都没接到。她带着释怀的笑意说道："我那会儿很失落。"幸好，我们马上就搬到了加州。

我在库比蒂诺长大。人们常常把这片郊区称作"硅谷的中心"。与拥挤的城市不同，郊区空间广大。当然，郊区生活并不像人们想象中那么美好：这里有不停剪草坪的强迫症患者和从来没人走的人行道，人们还会为了市镇区域的划分打得头破血流。对我来说，郊区生活枯燥无趣，一点也不特别。

周末时光是郊区沉闷生活中的慰藉，我常常坐在爸妈的车上，一边听着随身听，一边跟着他们跑去其他郊区寻找中餐馆、中餐食材或是一碗新鲜的豆浆。得州不是没有中国人，不过加州的中国人要多得多。20世纪80年代的科技热催生出了新的移民潮。我们去过坎贝尔、圣克拉拉、桑尼维尔、帕洛阿尔托、圣何塞。我们有时甚至能开到米尔皮塔斯。在这些旅程中，我时常透过车窗看着空旷的市镇心想，为什么这里不能像旧金山一样一应俱全？我喜欢跟着爸妈去旧金山这样的大城市，因为在那里我们总会吃早茶。开上好几个小时车，最终来到的却是一个郊区小商场。虽然在那里

能够见到其他高中的吉祥物和老牌塔可钟连锁店，可这种经历却往往让人感到沮丧。

我无法理解爸妈为何会感到如此兴奋。对我来说，所有的中餐都一样。你可以在家里叫带福饼的中餐外卖，何必要舍近求远四处寻找？有次，为了招待奶奶，我把她带去了一家熊猫快餐厅。餐厅的塑料餐盘已经开裂了，菜里的酱料也糊成了一坨。奶奶盯着盘子里的菜，露出了古怪的表情。我从来没见过这样的表情，我在那时候也搞不懂她为什么会这么不开心。

我爸妈很喜欢这样的郊区之旅。每回一到餐馆，他们就会完全忘记我的存在，聚精会神地大声朗读着菜单上每道菜的名字，然后为了菜单上的某几道菜拍手赞叹。

他们先会勾选出一批菜，再细细斟酌出最后想点的菜，然后他们才会记起我。他们每次给我点的都是最简单的菜色：不是一碗手擀牛肉面，就是肉末配馒头。一吃上东西，漫长旅途所带来的不快立刻烟消云散。

我们在郊区吃到的中餐不仅比中式快餐要正宗，它们比唐人街的中餐也更地道。去过郊区之后，我们就很少去旧金山的唐人街了，那里的中餐满足不了我爸妈。城里的唐人街除了游客和纪念品贩子，就是千篇一律的炒面。它比不上看似杂乱的加州郊区。他们会在郊区碰到来自台湾的同学和来自伊利诺伊的室友。对他们来说，这里成了新的故乡。他们已经别无所求。对我爸来说，原先他只靠偶尔吃一次油条就能想到台湾。现在在他们甚至吃得比台湾人还要好，他们可以吃到只在小时候听说过的食物。在他乡待得越久，他们对自己身份的概念就变得越模糊。食物就是他们的家。

用餐之余，我爸妈还会如饥似渴地阅览店里的中文报纸。餐馆里的成年人常常开怀大笑。中国人根本不像传说中那样沉默寡言。餐馆里的一切都显得那么不可思议：美妙的小商场中餐，千里迢迢赶来的食客。对他乡的游子来说，这顿饭吃的根本不是什么正宗不正宗。他们渴望的是这种既熟悉又新奇的体验。

人们通常把郊区视作一成不变的地方，实际上郊区居民却不怎么坚持传统。人们搬去郊区并不是为了追求什么理想，他们渴望的是郊区安稳、平静的生活。不过，只要人们愿意，郊区随时可以改头换面，拆除所有房子，彻底变成一个全新的地方。

每当这样的转变发生之后，郊区里还能留下些过去的痕迹。这些历史遗存道出了郊区命运的轮回。樱桃树路所在的地方曾经是个果园；一幢曾属于时时乐牛排连锁的尖顶房子变成了点心坊；这里还有一栋有着窄窗子的房子，它曾是一家商场，如今却变成了面馆；街对面有一辆简陋的餐车，它原先卖的是西餐，如今也变成了面馆。从20世纪80年代到90年代初，库比蒂诺一直处于变革之中。最终，库比蒂诺变得和几百千米外的蒙特利公园一模一样。

地产商弗雷德里克·谢对所有郊区唐人街都厥功甚伟。年轻时，他就开始关注蒙特利公园的发展，并从那里预见到了未来。20世纪70年代中期，他开始购入蒙特利公园的房产，并在台湾和香港的报纸上刊登了大量宣传广告。他把这个毫无特色的小城形容成"华人的比弗利山"，还说"这里离洛杉矶唐人街车程很短"。当时，每年都会有不少华人移民到美国。谢认为，亚洲局势动荡不安，同时美国经济又蓬勃发展，这会促使更多华人移民到加州。谢想要为这些华人移民提供一种旧金山等大城市唐人街之外的选择，一个新的美国梦：宽阔的街道，能容纳好几辆车的车库，良好的基础教育设施，较少的文化冲击，离大城市唐人街较短的车程。1977年，他邀请了20位该城政商领袖共进午餐（显然，他请客的地方是家中餐馆），并向他们解释了自己打造华人移民"新麦加"的愿望。一开始，这群人并不是很

买他的账，他们觉得这个中国人的想法有些狂妄自大。在接受《洛杉矶时报》的采访时，蒙特利公园城市规划局的一位职员称："所有一起吃饭的人都觉得这人是在放大炮。回到家以后，我仔细想了想他所说的话，立刻火冒三丈。他是想让中国人来抢我们的地盘。"

这样的愤怒在蔓延。第二年，来自台湾的前股票经纪人吴晋申在蒙特利公园开了第一家亚洲超市。这家超市最终成为拥有3000万美元销售额、雇员400多人的大型连锁集团。没过多久，当地的一家薯条工厂也被改建成了亚洲超市。另一家亚洲超市还建了一个宝塔形的屋顶。

中餐馆是谢的先头部队。另一个当地居民对《洛杉矶时报》称："突然间，蒙特利公园的居民发现中餐馆已经遍地开花。然后又出现了三家华人购物中心和几家华人银行，华人电影院开始放映带英语字幕的香港电影新片。"

对蒙特利公园的原始居民来说，这些行为威胁到了社区的稳定。在20世纪80年代中期，为了建造全新的公寓楼，华人拆毁了20世纪70年代建造的农场风格建筑。当地居民怒不可遏，他们发起了"正宗美国人"立法运动。他们的保险杠上都贴上了标语纸，写着"最后那个离开蒙特利公园的人能带上美国国旗一起走吗？"不过这种民族主义却没能阻挡住移民涌入的脚步。1990年，蒙特利公园成为美国大陆首个亚裔为人口主体的城市。不过，这里的亚裔人群构成同样十分复杂。这里既有来自台湾、香港的富裕新移民，也有来自洛杉矶唐人街的老移民。社会学家提姆·方对蒙特利公园进行了调研，并把调研结果发表在《芝加哥论坛报》上："中国人的步子很快。他们不是慢腾腾地融入蒙特利公园，而是将这里打造成了一个全新的地方。"

蒙特利公园渐渐取代了传统都会唐人街的作用，华人们开始专程驱车来到这里游览和吃中餐。人口结构的转变和移民所带来的财富在这里创造了众多商业机会。其中餐饮业收益最多。为了迎合美国人的口味，传统美式中餐馆主要贩售带酱的油炸食品。大多数此类餐馆会为挑剔的食客准备一份秘密菜单。换句话说，大部分中餐馆的主厨必须得同时讨好美国人

和中国人的味蕾。而在蒙特利公园这样的地方，中餐馆的主要顾客就是华人。这里不存在所谓的"美式主流食物"：你在这里可以随处吃到像鸭脖子、鸡爪和猪肚这样的美食。

城市中的唐人街拥挤不堪，透过窗户，你可以看到有人在挥筷子，有人在烤鸡。郊区的唐人街却不是如此。这里土地充足，人们无须争先恐后地吸引他人的注意，别人家烧菜的味道也不会飘进你家。与地段糟糕的都会唐人街不同，郊区唐人街往往位置优异。

随着太平洋两岸经济交流日益频繁，在 20 世纪 80 年代晚期和 90 年代的加州，出现蒙特利公园这样的地方不足为奇。在蒙特利公园的改造完成之后，它成为大洛杉矶地区所有郊区唐人街的模板。圣克拉拉附近高科技产业发达，它成了湾区的蒙特利公园。长岛、韦斯特切斯特、康涅狄格、休斯敦和达拉斯的郊区都有优秀的基础教育设施、安稳的郊区生活和广阔的空间。这些地方成为美国华人的新聚居地。它们在功能上与大都市的唐人街相近，不过它们具有包括对外交流众多在内的多种优势。到了 2000 年，全美国一共出现了 6 个以亚裔为主体的郊区城市。它们是戴利城、喜瑞都、米尔皮塔斯、蒙特利公园、罗兰岗和沃尔特纳特。当年进行的人口调查表明，大部分亚裔居住在美国的郊区。到了今天，得克萨斯的

贝尔维尔、华盛顿、哈里斯、本德堡和马里兰的蒙哥马利都出现了高生活品质的郊区城镇。

在加州涌现的诸多郊区唐人街诞生了一种新的中美混合文化。为了适应移民的需要，这里的商业业态发生了变化。在原本就氛围随意的郊区实现这种转化并不困难。一家又一家小型购物中心变成华人超市和理发厅；无须苦苦等到周末，你可以随时买到油条；台湾和香港的厨师加入工程师们的移民潮，来到加州。这里的中餐馆再也没有秘密菜单，这里的菜单只有一种语言，那就是中文。街上的店面大多转到了中国人手里。

到了 90 年代初，库比蒂诺成为其他郊区唐人街的翻版，这里到处都是珍珠奶茶铺、中文书店、影碟租借店和停满了改装本田的停车场。这里还有一群为了护肤，成天戴着遮阳帽和长手套的家庭妇女。库比蒂诺的亚裔人口比例从 1990 年的 23%，升至 2000 年的 44%，然后又在 2010 年升至 63%。其中，华人的比例占到了四分之一。如今，我爸妈的兄弟姐妹和父母都搬到了湾区。台湾反倒成了遥远的他乡。湾区南部的中餐馆比美国大多数地方的都要强。那里有一家大超市总会在感恩节的时候，用做北

京烤鸭的办法烤火鸡。记得一天下午，我上完大提琴课后，妈妈特意绕路带我去那买饺子。我们来到了一个完全陌生的街区。我妈几经辗转终于找到了一个朋友的朋友家。那人把我们领进车库，打开一台大得惊人的冰箱，开始向我们解释各种手工饺子和馒头口味的不同。

我妈说道："这些地方应有尽有。有了这些镇子，我们什么都吃得到。"

每个周六的上午，我外公外婆都会带我们全家去一家偏僻的中餐馆。每周的馆子都有所不同，可能是华人报纸或当地餐饮指南提到过的新餐馆，也可能是朋友闲谈中提起的地方。每回我们都会跑去一家从未去过的小商场。我们总是在寻找着最棒的厨师。

我外公外婆在 20 世纪 80 年代末搬到了桑尼维尔附近。他们在当地定期举办长者午餐会。这些午餐会参

与者众多。因此,外公外婆颇受各家中餐馆的欢迎。店主会亲自前来询问我们用餐的感受,并向我们提供菜单上没有的菜品和免费的甜品。外婆通常都会往服务生手里塞上20美元的小费,然后向他打听后厨的各种八卦——比如有谁跳槽了,有谁赚够了钱回了台湾。到了现在,我只能记起三家我们常去的中餐馆的名字。他们是筷子餐厅(这名字实在是太好记了)、朱大厨餐馆(理由同上)和洪福饭店(这家招牌上的字体很醒目)。当然,我还能记起"开在大卫·林奇式汽车旅馆里的中餐馆""丹尼舅舅朝我发过火的中餐馆""有壕沟装饰的中餐馆""开在棒球卡店隔壁的中餐馆""有牛肉面的中餐馆""每回都要等位的中餐馆"和"有大包厢和很多服务员的中餐馆"。

用餐的时候,大人们八卦吹牛,而孩子们则一边抱怨着无聊一边用筷子打架。外婆是饭局的中心。她总是会细细地吮完绿叶蔬菜里的汁液,再把剩余的渣滓吐进一只空茶杯里。桌上到处都是多余的碗。碗里装着没喝完的汤、多余的酱油和冷掉的茶。每回吃饭我的一个舅舅总要模仿几句他刚从超市售货员那里学来的西班牙语。

我花了好久才能理解为何爸妈并不是很想念遥远的故乡。最近,我爸向我解释说,台湾在20世纪60年代前途渺茫。他们迫不得已才会离开台湾。他们之所以会四处找寻中国美食,并非是出于对台湾的眷恋,而是为了满足自己的好奇心,同时见见自己的老朋友。这些年来,他们已经渐渐地喜欢上了别的东西。我爸莫名其妙地爱上了地中海食物、柠檬蛋糕和希腊卷饼;我妈则爱上了胡萝卜蛋糕、三明治和一家墨西哥玉米面饼铺子(这家店开在一个机场里);他们一起找到了比尚佩恩-厄巴那最好吃的比萨还好吃的比萨。

这里已经成了我们的家乡。我爸妈都变成了美国人,他们也开始抗拒新的华人移民到来。因为他们不知道库比蒂诺原来的样子,他们不知道曾经在这里连油条都很难吃上。(然而,我爸妈已经不再吃油条了,他们觉得它"太油了"。)

一开始,我爸妈只想找一个生活惬意的地方——你既可以享受都市便利,同时又不用去忍受都市的拥挤。而对新移民来说,"生活便利"并不是什么重要的事。与新建的郊区城镇相比,就连蒙特利公园这样的地方都显得有些落后。香港、台湾和内地都为外国人建设了像库比蒂诺一样的郊区城镇。这些城镇里当然也少不了餐馆。它们变得和比弗利山一样出名。

我在今年夏天结了婚,我爸妈在库比蒂诺最好的中餐厅里给我们办了婚宴。我的一个阿姨戴起了已故外婆留下的袖章。我们家族在外出聚餐时最远也只会跑到米尔皮塔斯附近,那里离所有人的住所都不到一个半小时车程。外公变得很少出门。曾经例行的周六午餐会变成了偶尔的家庭晚餐会。我们的婚宴是让全家人团圆的好借口。我们夫妇从纽约赶往库比蒂诺,亲戚们从南加州、康涅狄格和科罗拉多赶来。我爸经常提醒我从前在科罗拉多找一家中餐馆有多难。回到库比蒂诺之后,我回忆起了童年时常常体验的一切:菜式丰富、贯穿整夜的中餐;蒸得恰到好处的鱼,特别是那丝绸般的脸颊肉;手忙脚乱的服务生;摊在桌上的多余杯碗。

这家饭餐厅坐落在一家修建于20世纪70年代的废弃商业中心里。马路的尽头就是库比蒂诺的中心区域,那里有许多华人购物城。每当周末,库比蒂诺就会变得热闹非凡。库比蒂诺的南边和北边都建起了更新、更封闭的唐人街。这里至少有两家专供有机蔬果的中国杂货铺和一大堆酸奶店。奶茶区附近的停车场已经成了高中生最爱去的地方。每次回库比蒂诺,我都觉得这里正在变得越来越陌生。这也许是因为我已经对这里的老店铺有了不一样的感情。

最近一次回库比蒂诺的时候,我对来机场接我的爸妈说:"我们去那家每回都要等位的地方吃饭吧。"我终于能够自由地选择吃饭的地方了。为了这一天,我等了好久。◆

来自南半球的问候

够了吧。关于北边的唐人街已经说得够多了吧。

悉尼这边的唐人街和北边的完全不一样。我们的唐人街可不是什么稀奇古怪的遗迹，它们是城市的有机组成部分。它们正在不断地扩张。唐人街对悉尼人的饮食习惯有着至关重要的影响。对所有喝茶、吃饺子的悉尼人来说，唐人街是他们的朝圣之地。一百多年来，唐人街都在塑造着他们的味觉。这里是光与热的源泉，是悉尼的厨艺中心。这里生机勃勃。

文：帕特·诺斯

统计数字就能说明不少事情：一共有 287000 名华人生活在悉尼（他们中的大多数生活在唐人街），而悉尼总共只有不到 400 万人。和西方所有唐人街一样，悉尼的唐人街也是 19 世纪淘金热的副产品。不过，可能是因为这里和中国都处在东半球的关系，比起北美的唐人街，这里的唐人街显得更有活力。悉尼有好几个唐人街，比如北边的查茨伍德区和南边的赫斯特维尔。不过，悉尼最大、最古老的唐人街却坐落在城市中心一个原本叫"干草市场"的地方。这里是悉尼日常生活的核心区域。唐人街的隔壁就是中央车站。无论是住在郊区小镇的农民还是拎着公文包的少年，他们进城第一眼看到的就是唐人街。

悉尼的唐人街有一大堆样子差不多的酒吧和当铺，还有穿行在猪肉档口前面的各色街头卖艺人。这里的服装店往往都有很蹩脚的名字，比如东方联盟和元气时尚。这里容得下专售甘蔗汁和猪肉松的铺子。当然，这里也少不了各色粤式点心店。

对悉尼人来说，吃点心有着无比重要的意义。高兴的时候他们会去吃点心，难过的时候他们也会去吃点心。有时他们会独自去吃点心，有时他们则会带着客人去吃点心。宿醉的人就着可口可乐吃鲜虾肠粉，孩子们最爱吃生煎包，上班族总会在午休的时候跑来吃虾饺和萝卜糕。如果你在星期天早晨朝有 400 个座位的粤菜餐厅丢一块石头，那你十有八九能砸中一个没在当班的厨师。他肯定正在和邻座的人争论万寿菊餐厅（有更多下水和更多菜品）和渔人码头（靠近海鲜市场，有大量靠窗位子）哪个更强。

不过，悉尼城里的厨子更喜欢在半夜时分来唐人街。深夜想要在悉尼吃上好东西并不容易。烧烤王和超级碗是酒鬼、赌鬼和戏迷最喜欢出没的餐厅。他们就着椒盐乌贼和叉烧猛喝青岛啤酒。

金色世纪餐厅是悉尼夜猫子新的集散地。一桌桌的人围坐在一起，吃着鲍鱼火锅和帝皇蟹两吃（椒盐蟹腿、伊面焗蟹黄）。墙上的水族箱里全是等着清蒸的东星斑和等着做成醉虾的海虾。里面当然也少不了龙虾，它们是做刺身的好材料。粥品菜单在晚上 10 点之后启用，你可以自由地选用猪肉、皮蛋、明虾、鲍鱼或鸡肉来熬一锅热腾腾的粥。

悉尼的工党党员在这里流的血和喝的酒一样多。城里年轻的厨师常常一边在这里豪饮红酒，一边偷偷摸摸地吸 K 粉。金色世纪还是全悉尼点菜最自由的餐厅。一天晚上，我和餐馆的合伙人凯文·金共进晚餐。我仔细地记下了他点的菜和他的用餐习惯。果不其然，他先点了例汤（只有华人才爱这东西），然后点了醉虾和海鲜卷。他点的蒸鱼是唇指鲈（他先吃的是鱼脸肉和鱼腹）。他告诉我说："我最心水青蟹。冬天我喜欢吃母蟹，夏天则是公蟹。我喜欢用大蒜和黄油来做青蟹，因为它们与青蟹的口味很配。"比起挂炉烤鸭，凯文更喜欢焖炉烤鸭。他说，焖炉烤鸭和黑皮诺、歌海娜是绝配。然后他又点了一个椒盐羊排。"我不喜欢吃米饭，所以我总会选面条当主食。我喜欢用鱼汤煮细面吃。这道菜不在菜单上，你也没法点这道菜，它是我的专属菜品。"

唐人街的一切就包含在点心铺子和金色世纪里。粤菜是这里的主流，不过其他菜系在这里所占据的地位也越来越高。

这里已经有了潮州菜、陕西菜、澳门菜以及有点像韩国料理的黑龙江菜。不过，你还得跑去肯辛顿才能吃到正宗的湘菜，正宗的山东菜也只在赖德区有。幸好唐人街有一流的新疆菜、云南菜、上海菜和北京菜。这里还有正宗的茶餐厅，你可以在这里尝到港式吐司和鸳鸯奶茶，还有台式午餐便当（通常是香肠和炸物）。

你远远地就能闻到中式穆斯林餐厅所发出的烤羊肉香味和茴香味（当然，这些店里挂着的塑料葡萄藤和壁毯也算是一大特色）。你在这些餐厅里可以感受到东西文化之间的交融——面配馕，还有各色馒头。

虽然有些不情愿，不过悉尼人还是得承认墨尔本的

"小四川"比悉尼的所有川菜馆都要强。不过，悉尼唐人街的川菜馆也不赖。"辣熊猫"的辣子鸡是用兔肉做的，"辣四川"的麻婆豆腐辣得到位，这两道菜都非常值得一试。加了红辣椒的皮蛋、青辣椒、绢豆腐和蛋黄南瓜也都很棒。

唐人街里不光只有中餐。坎贝尔街上有亚洲之外最好的泰国菜。那里的泰式辣酱、泰式米粉都一级棒。老鳄鱼餐厅和泰拳餐厅都是好去处。特别是泰拳餐厅，你可以一边观赏泰拳一边吃美味的清迈面。

马来菜也一直是唐人街的一部分。马马科是一家马来菜夜排档。每周五晚上，你都能看到一大堆人在那里排队吃椰浆饭和咖喱鸡饭。离马马科一个街区远的地方有家叫德利马的印尼餐厅。皮特街上则有不少韩国餐馆。唐人街里也有越南菜的身影。这里有不少河粉店。Gumshara 拉面馆总是人满为患，这让它赢得了"豚骨大王"的美名。

只需看看唐人街之外悉尼餐馆的菜单，你就会发现唐人街对悉尼餐饮业的影响到底有多大。Rockpool 餐厅的富贵粥里有花生、龙虾和干面包。Quay 餐厅的米粥里有青蟹、棕榈芯和蛋黄。Peter Doyle 的清蒸澳大利亚淡水鳕鱼排里有鲍鱼片、冬菇和姜葱汁。Claude 的佛跳墙里有火腿、炖鸡、鸡肝和鲍鱼。

与此同时，在唐人街的边缘，澳大利亚的中餐正在悄悄地发生转变。Billy Kwong 的主厨凯利·邝把原本不受澳大利亚人重视的滨藜和嫩姜、小龙虾、海蓬子、XO 酱混在一起，研发出了一道新菜。邝的高足哈米什·英格汉姆用茶叶蛋、腌笋和煎青椒做出了一道新菜。Mr. Wong 餐馆的麻婆豆腐上面盖着一层辣椒豆肉末。它的酒窖里有白酒、清酒、红酒、沃莱白和几百种雷司令。

每天早晨，在太阳升起之前，唐人街总能享受一小段时间的宁静。等最早一批点心食客到来的时候，唐人街就会从沉睡中醒来。街面上的小摊上出现了一堆堆的梨子和菊花叶；奶茶铺和台式点心铺里摆满了西米露和烧仙草；专卖鱼翅和干鲍的店家也都开了门；街上那些千篇一律的酒吧迎来了第一批酒徒；锅里开始煮面条，后厨的人忙着做饺子。唐人街迎来了新的一天。

这就是悉尼的唐人街，它可能和你想的不大一样。◆

墨西哥唐人街

by
Salvador
Plascencia

文：萨尔瓦多·普拉森西亚

Their grandfathers fled Mexicali decades ago. It's the hottest day of summer in *la ciudad que capturó el sol.*

几十年前，他们的祖父们从墨西卡利逃了出来。那是整个夏天最炎热的一天。

怎么还会有人想要回去？

Why would anyone want to go back?

60年前，我爷爷第一次从墨西卡利穿过边境，来到卡莱克西科，

那时的边检站只不过是一块简陋的招牌，招牌的下面站着一个边检官。墨西哥和美国之间的边境线只在理论上存在。边检官会瞄一眼你的工作许可（通常是为期40天的种植园采摘签证），然后挥手放行。如果你的工作许可过了期或是被你不小心给洗坏了，那你就得朝东或朝西走上半英里[1]，然后才能跨过国界线。一旦顺利过了边检站，你只要静静地坐在长凳上，等

着从卡莱克西科开来的公车来载你就行。

PBS（美国公共电视网）阴郁的画外音和伍迪·格思里的歌都把美国的布拉塞洛时代（译者注：指《布拉塞洛计划》生效期间大量墨西哥非法移民拥入美国的时期）等同于奴隶时代。不过爷爷每次谈到这回事的时候，脸上的表情都很忧郁。我曾去过布鲁日旅行，在那里我发现比利时人根本就不在早饭时候吃华夫饼。这一发现让我很难受。我每次和朋友说起这件事的时候，脸上的表情和爷爷说起布拉塞洛时代时有点像。整整三年里，墨西卡利都是爷爷的中转站。移民警察总会把他丢在那里，让他等着被遣返回墨西哥内陆。不过，当我问起墨西卡利鼎鼎大名的唐人街时，他所谈论的却是新河（他对我强调说，这是唯一能直达美国的水道），然后告诉我说他头回吃中餐是在一个俄勒冈的木材镇。

几十年之后，原本只存在于理论上的边境线变成了实体。烈日炙烤之下，

李和林一家透过15英尺高的边境网望着美国。据李家的家谱记载，他们是从香港跑来墨西卡利的。他们想经由墨西卡利逃亡美国。

李和林回忆说，他爸妈可能在香港官司缠身。"我们在香港过得很不错。我们有两家杂货铺，我爸是个电梯修理工。我们卖掉了所有家产，逃来墨西哥。我爸经常换名字。他有一个中文名、一个西班牙语名字和两个美国名字。"

"当然，他这么做也可能是为了尽量融入当地社群。"

"哈哈，不过这似乎不大可能。如果他真是为了融入当地，那他怎么不让我改名叫布拉德或道格？"

他们一家人最终来到了一个度假小镇。镇上满是松树，还会时不时地举行皮划艇比赛。可他父亲却再度走上了逃亡之路，只不过这一次他撇下了李和林与他母亲。

我在八年级时认识了李和林。那时他穿着一件厚得出奇的夹克衫和一双尖头的高帮板鞋。源自蒙特利公园和阿罕布拉的亚裔族群中产阶级化浪潮（美国人把他们叫作现金蛮子）在此时尚未兴起。那时，我们的篮球队里只有说话咬字不清的克里斯蒂·多田川和喜欢瞎投篮的杰西·曾等为数不多的几个人。现在又多了个李和林，这对我们这支小队伍来说当然是件好事。

我们（我指的是整个埃尔蒙特）对李和林没什么正面的影响。我迷迷糊糊地读着安·兰德和梭罗，整天想

---

1 编者注：英里为英制长度单位，1英里合1.609344千米。

着该如何运球。在蹩脚的篮球哲学和娱乐型犯罪频发的影响之下，李和林开始犯下各种各样的过错。他在电线杆和街道标志上乱贴别人家的电话号码，还因为画了女老师给假阳具口交的图画而遭到停学。最终，他因为贩卖迷幻药而被学校开除。随后，为了参加校内械斗，他又经常偷偷摸摸地溜回学校。他经常砸车窗。他还被人捅过一刀。他妈常常把他撵出门。警察喜欢倚着车门喊他的名字。

他把这一切都怪在了离家出走的父亲和赶他离队的昆兹曼教练身上。而他母亲却认为他身边的那些墨西哥小混混带坏了他。我觉得，这三者都是他堕落的原因。

就在李和林斗殴、砸车窗的同时，我却忙着写AP（美国大学预修）课程论文和准备SAT（学术能力评估测试）考试，我还经常进行上篮训练。

李和林是个少年犯，我却是个书呆子，他的种种恶习都让我们的友谊看起来不可思议。可不知为啥，和林始终是我唯一的挚友。我可以毫无顾虑地向他借钱，或是在凌晨两点把他叫出来帮我的车搭线。他也是唯一一个肯在40摄氏度大热天开车和我一起去墨西卡利唐人街买鱼翅卷饼的人。

到达边境的时候，我们已经大汗淋漓。和林对我说，我整个人都散发着难闻的汗臭味。

"我说这个可不是想冒犯你，我纯粹是为了新闻真实性才这么说的。你也许想把这个细节写到你的文章里。"

这里是卡莱克西科，一座有40000人口的城市。城边就是边境防护网，网上布满了泛光灯。我们徒步穿过了几道大门，大门在我们身后迅速地合拢。

边境这边，一个中式凉亭下面站着一个哨兵，他朝我们打了个招呼。"回到这里有似曾相识的感觉吗？"我问了问和林，希望他的肌肉记忆能把我们带到蒸笼和饺子那里。

"我什么都记不起来。除了这里的颜色——这里永远是橙黄色的，今天也是。到底是谁想出了这个主意？在夏天跑来墨西卡利。"

一个女人朝我们走来，她身后跟着两个腰间挂着警棍的警察。她不停地冒着汗。在别的地方，这可能是个很大的特征。可在这里，整座城市都在冒汗。她走得越来越快，简直变成了在小跑一般。

"Pinche"在英语里没有完全相对应的词汇，它是个粗俗的状语加强词。这个女人口中不停地嚷着这个词。在我看来这全无必要，因为她已经骂出了"吃屎""傻瓜"这样的话。这是我听过最恶毒的咒骂之一。在她的叫骂声中，我们与她擦肩而过。一扇门打开了。那女人指了指一个胖子的肚子，那胖子活脱脱地像是一个大圆球。她把这个胖子叫作"胖胖"，然后

把警察带了进去。这就是所谓的爱恨交织吧。

我们根本搞不清楚自己到底是不

到达边境的时候，我们已经大汗淋漓。

是在唐人街里。我们周围的墙上、帘布上写满了汉字。不过四周都是特卡特[1]的商标。

我们走向了一家货币兑换点。我问了问坐在防弹玻璃后面的女柜员唐人街在哪。她一脸讶异地看着我，仿佛我问的是美国在哪。当然，也许她根本就听不懂我的西班牙语。

我又问了一遍："这是唐人街吗？"她一边摇着头，一边摇了摇食指。"这不是唐人街！"她回过头，和暗处的一个人交谈了一会儿，然后指着街对面说："那，那就是。"

我们不需要洛杉矶唐人街那种花哨的宝塔和双龙雕塑。可我们想在这里找到点唐人街的标志。原来挂在街边的肉都去哪了？烤鸭去哪了？烤乳

---

1 译者注：特卡特是墨西哥著名啤酒品牌。

猪去哪了？烤鱿鱼去哪了？

这里完全没有唐人街的气息。我们把这归咎于环境因素。墨西卡利自称"温暖之地"，其实大部分人把它叫作"太阳之城"。墨西卡利紧紧地和太阳捆绑在一起。要是把肉类挂在人行道上的话，它们过不了多久就会完全融化。

还有另外一种可能。那就是我们所寻找的唐人街可能已经转入地下。它已经转移到了墨西卡利的隧道网中，变成了由鸦片馆、赌场和非法移民组成的地下网络。这些隧道是20世纪初的都市传说。那是墨西卡利的黄金年代。由于美国的禁酒令和移民禁令，华人移民和酒都从美国来到这里，从而建起了这些隧道。出租车司机们都不承认这些隧道的存在。他们认为它们不过是简陋的地下室，里面只能放放快要坏掉的土豆。不过，他

们说这话的时候，总是带着一股浓浓的酸味。他们可能是不愿承认中国人的智慧。

不少花枝招展的女人懒洋洋地站在附近的楼梯井里。楼梯上面是一个简陋的时租房。一个房间里，甚至伸出了一对分开的大腿。

"有个女的长得有点像中国人，我们可以问问她。"我一边告诉和林，一边担心这女人可能会误解我们的意图。

最终，我们来到了一家有着粉色外墙的餐馆外面。外墙上系着一块幕布，上面大肆吹嘘着餐馆源自1939年的悠久历史。餐馆的玻璃上贴着一张纸，上面写着几个汉字。反正只要是你完全看不懂的字，那就十有八九是汉字。

"这几个字是什么意思？"我问和林。

"我只会说，不会读。"看来他也

觉得这是汉字。

我们走了进去，里面坐满了人。人这么多，这地方应该不差。

里面的空调立刻验证了我们的想法。空调送风十分均匀，温度也设置得恰到好处，比起我们后来遇到的空调要强得多。我们刚在唯一剩下的空桌上坐下，就过来了一个要拼桌的食客。他扫了眼菜单，点了西兰花炒牛肉。

我们打开了菜单，看到了一大堆神奇的菜名：春卷、腌肉与和林小时候常吃的那些菜色。不过，服务员（是一个阿姨模样的人）根本不给我们思考的时间，径自向我们推荐了组合套餐。

她用西班牙语说："套餐更实惠。"

实惠？我们可是来吃燕窝面汤、撒着墨西哥松露的北京烤鸭和墨西哥辣云吞的。我们千里迢迢地赶来这里，就是为了吃上顶级的中墨融合菜。

结果，我们点了2号套餐加墨西哥玉米卷饼。所谓的春卷其实是炸蛋卷，腌肉也不过是烤肉。食物的味道中规中矩，完全没什么值得回味的地方。

在用餐的过程中，我们发现了这里用的调料、酱料和餐具与美国那边有些不同。这些特色完全是地域性的。

桌上放着是拉差辣椒酱（这种酱料到处都有），不过却没放加州产的塔巴提奥辣酱和沙罗酱。桌上还放着一种当地产的辣酱——它的商标没什么特色，上面是被岩浆所包围的两颗心脏和一条恶魔尾巴，不过它的口味不错，能适用于各种菜色。比起塔巴

提奥辣酱，这种辣酱完全没放大蒜，不过辣味却更浓。我们点的啤酒鸡尾酒里也放了这种辣酱。

这里的餐馆还有不少特别之处。比如，他们没有给我们上热茶（这可能是因为季节的原因，毕竟外面的气温足足有 43 摄氏度）。桌上也没放筷子。我们一路上吃了 4 家中餐馆，并去其他 6 家中餐馆转了转。他们用的全是刀叉。这里也没有洛杉矶到处能喝到的青岛啤酒。你在这里可以喝到各种墨西哥啤酒和啤酒鸡尾酒（这种喝法完全不是中式的）。此外，这里没什么中国人。餐馆里除了和林之外就只有一个中国人。她就是坐在柜台后面盯着服务员的店主。我们之所以会认为她是店主，完全是由于她的坐姿和神情。她时不时地与和林对上一眼。和林说："她看我的眼神很古怪。"店里其他食客都是墨西哥人：有的是戴着牛仔帽的大胡子，有的是样貌平常的人，有的则是戴着披肩的老太。我们是仅有的外国佬。和林说后厨里有不少中国人。不过后厨的门开关得太快了，近视的我根本不看清里面人的模样。

和我们拼桌的人叫毛里西奥。他和我们说了说自己在洛杉矶的经历，并描述了墨西卡利和卡莱克西科之间的关系。在墨西哥政府设置相应关税之前，他过去一直在洛杉矶市区的拍卖会上买二手车，并把它们转售到墨西卡利。现在再干这个已经没有利润了。他还是个自行车骑行爱好者。他

喜欢穿过边境去卡莱克西科骑车，因为那里的马路更宽，你可以不用担心被汽车轧死。墨西卡利的开车族和蒂华纳、诺加利斯的差不多。他们都目无法纪，喜欢在马路上横冲直撞。不过，他强调说，墨西卡利与其他依赖美国的墨西哥边境城市不一样。是卡莱克西科依靠着墨西卡利。如果没有墨西卡利，那卡莱克西科的商店和自行车道就会空无一人，边防警察也会无所事事。

他说到一半的时候，让我把番茄酱递给他。

"番茄酱？"我问道。

他指了指一个红色的瓶子。我把它递了过去，看着他把酱料挤在了西兰花炒牛肉上。我几乎已经忘却了我们墨西哥人对酱料的钟爱。我们墨西哥人喜欢往一切不是墨西哥菜的食物里加番茄酱。我见过许多人用这种办法糟践了上好的比萨。不过，我还是头一回看到一整个餐馆的人都在往食物里浇番茄酱。

和林说中餐里放番茄酱并不奇怪。"帕萨迪纳的扬州餐厅就喜欢往滑溜虾里放番茄酱。这道菜虽然不是

传统中餐，不过味道却很不错。"

我不清楚番茄酱为何如此受墨西哥人的喜爱，我也不知道番茄酱是如何从美墨边境传播到整个尤卡坦半岛的。不过，我敢向你们保证，我小时候在家不这么吃饭。除了我爸胆固醇较低时吃的虾汤，还有平常吃的汉堡薯条之外，我家吃饭从来不放番茄酱。也许是因为我家住在偏远的乡村，这才让我们避开了都市中流行的饮食习惯。

毛里西奥之所以会来这里吃饭，是因为这里的饭菜很实惠。此外，这

里的空调也是全墨西卡利最棒的。"在墨西卡利，你再也找不到更舒服的饭店了。"

他和我们握了握手，随后就离开了。一对年长的夫妇立刻填补了他留下来的空缺。他们凭着记忆点了几道菜，随后那个老妇人把一包绿豆交给了服务员。

她对我们说："我喜欢这里菜的口味，不过他们用的蔬菜太老了。"

酒店的路上，出租车司机教育了我们一路。他说我们选的这家餐馆很差，并热情地向我们推荐了十几家更好的餐馆。我们打算在酒店休整一番，然后再次出发。酒店外墙上挂着四星级的牌匾。不过房间里的地漏和花洒都坏了，泳池边围着好几只猫。一个流浪汉躺在花园里，享受着自动灌溉系统所喷出来的水。除了服务员、猫和流浪汉之外，这家酒店空无一人。

可正当我们在泳池里游泳的时候，一个来自奥兰治县的摩门教徒走了过来。我们在尽量避免谈及政治的前提下和她交谈了一阵。她是陪姐姐来这里做整容手术的。她姐姐已经动完了手术，正在楼上的房间里休息。她做了隆胸手术和丰唇手术。整形机构还赠送了免费的翘臀手术。"这一套手术只花了 7000 美元。"她反复强调了好几次这个价格。

"我曾担心这里的人会割掉我们的头，绑架我们或是喂我们吃毒品。不过这里其实很无聊。"我真的有点担心她会说出什么让我们加入摩门教之类的话，还好她没这么做。

对那些被国务院报告吓怕的人来说，这个摩门教徒说的没什么问题。这里的路边有时的确会出现死人的头颅。不过大多数情况下，你在墨西卡利被谋杀的概率比在圣路易斯还低。

到现在为止，一群玩牌的出租车司机，几个穿着足球套头衫的人，几个挂着警棍的警察和一堆洒满了番茄酱、玉米糖浆的食物，就构成了我们所见到的唐人街。墨西哥最大的唐人街不可能如此无趣。肯定是因为太阳太猛，交通太差，我们才走错了地方。真正的唐人街肯定就在不远的地方。

我向各种当地人（其中包括出租车司机和酒保）打探什么才是这里的特色。除了一个说了墨西哥羊肉汤之外，其他人说的清一色都是中餐。

说完中餐，他们往往都会提到墨西哥传统汉堡。这是一种由番茄、墨西哥辣椒、熏猪皮和墨西哥辣酱做成的食物。有的人还会往里面放卷心菜。由于我们时间紧迫，胃口有限，因此我们没多问有关这种食物的信息。

一个看起来没那么严肃的出租车司机提到了唐人街的衰落。"唐人街原来就一直在走下坡路，不过 2010 年

我们在这里见到了不少中国人，这让我们乐不可支。

的地震让它直接荡到了谷底。我小时候就住在唐人街附近。看到它变成这样我很心痛。这里的唐人街原来规模很大，现在却变成了一条小路。不过中国人原来和我们交往很少。现在他们倒是和我们混在了一起。"可能是因为我看起来对这个故事毫无反应，他接着又问了问我是不是来自瑞士。也许他觉得我的 T 恤和绿短裤和阿尔卑斯山有关。

我们选了 El Rincon De Panchito 吃晚餐。这家餐馆又叫"弗兰基的角落"，它的优点和缺点一样多。

弗兰基的角落坐落在离边境五英里远的地方。它的旁边开满了芭斯罗缤、DQ 冰激凌和 Thrifty 冰激凌。我们在这里见到了不少中国人，这让我们乐不可支。领班、服务员和勤杂工都是中国人。更值得庆幸的是，这里不光菜单是中文的，还坐着好几个中国食客。

"和林，终于碰到中国人了！"不过和林和中国人之间的关系其实有点僵。他妈对他用筷子的方式很不满意，常常打趣说他们远隔重洋来这里就是为了送和林还乡。中国女孩也只是出于好奇，才会和他交往。从某种意义上来说，他比我更像墨西哥人。在他和我说起多洛雷斯·韦尔塔（译者注：墨西哥裔美国人权活动家）之前，我根本就不知道她是谁。他毕业于东洛杉矶学院，这是全美国最墨西哥化的学校。他还接受过美国西班牙语门户网站 Univision 的采访。和林自己都觉得他像个墨西哥人。

"我还被人捅过。"和林补充道。

服务员用西班牙语向我们打了个招呼。这里吃不到什么鱼翅卷饼，不过却有非常多的墨西哥调料，其中包括烤黄辣椒和烤洋葱。他们把黄辣椒泡在了酱油里，这是种很平常的做法。我奶奶是哈利斯科[1] 牧场菜的忠实信徒，直到现在，她还会派我去阿罗约买泡在酱油里的辣椒。桌上还放着一大瓶番茄酱。和往常一样，和林点了炒饭。我们还点了一盘西兰花和虾。这两道菜的名字写在皱巴巴的餐巾纸上，你基本就看不清。

和林发现，我们的服务员凯文也来自香港。凯文是在 11 年前从香港搬来墨西卡利的。他们用粤语（和林平时不怎么用的母语）交谈了一会儿。

我告诉和林："问问凯文我们该去哪里吃点心。再问问他你爸的下落。"

和林皱着眉头说："好的，我会问问他的。"上高中的时候，和林在明知道我喜欢克里斯蒂·多田川的前提下，常借着上几何学（他根本就没这门课）的由头和她约会。所以，我拿他开开玩笑根本算不了什么。

这里的中餐很正宗，蔬菜很新鲜。作为常吃炒饭的老饕，和林对这里的炒饭很满意。他说："不过这里的炒饭有一点特别，那就是里面放了烤牛肉。"他话还没说完，就狼吞虎咽地吃下了一勺炒饭。

我夹了一块牛肉，放在了面前的餐盘上。这块牛肉切得很薄，可能是侧腹牛排。我咬了一口，尝到了柑橘汁的味道。

"中国人会把牛肉放在炒饭里吗？"我问和林。

"会啊，不过好像不是这个样子。我得问问我妈，我搞不太清楚。"

显然，这道炒饭是这里的招牌。另外，我们还发现这里用来包烤鸭的是圆饼（可惜不是用玉米粉做的）。我们终于发现了中墨融合菜。

第二天我们回美国的时候，边检官拦住了和林。他仔细地看了看和林的护照，用黑光灯照了照它，还用手摸了摸上面的磁条。

"你去墨西哥干吗了？"

和林回答说："去吃中餐了。"

边检官愣了下："什么？"

"你不知道那边有不少中国人吗？"和林说道。边检官点了点头，把护照还给了和林。◆

---

1 译者注：哈利斯科是墨西哥一州名。

The Beginner's Field Guide to Dim Sum
点心入门指南

文：卡罗琳·菲利普

如今，港式餐厅在白天大多只提供点心。点心一般没有菜单，而是供食客在手推餐车上自由选择。

一开始，点心是一个动词，指的是"稍微吃点东西"。"点心"这个词最早出现在1000年之前的《唐史》中，里面有这样的记载：郑傪为江淮留后，家人为夫人准备晨馔。夫人曰："治妆未毕，我未及餐，尔且可点心。"[1]

到了1300年左右，"点心"变成一个名词，指的是小吃。直到现在，点心仍然是这个意思。在各大汉语词典中，"点心"是最小的语素单位。这两个字必须拼合在一起才有实际的意义。

在北美点心出现之前就已经有了港式点心，而港式点心则又脱胎于茶馆中的佐茶小食。粤语地区的点心文化诞生于19世纪下半叶的广州。人们把在茶馆中一边喝茶一边吃点心叫作"饮茶"。

20世纪初，广州有大量茶馆。茶馆的兴起可能与禁绝鸦片有关。在鸦片被禁之前，广州有众多鸦片馆。鸦片被禁之

---

1 编者注：出自元·陶宗仪《南村辍耕录》："《唐史》：'郑傪为江淮留后，家人备夫人晨馔，夫人顾其弟曰：治妆未毕，我未及餐，尔且可点心。'则此语唐时已然。"

后，这些鸦片馆就被改造成了茶馆。茶馆文化达到鼎盛时，广州共有逾200家高级茶馆。为了从它们的竞争对手[1]那儿吸引食客，大小茶馆都定期研发新式点心。规模最大的茶馆其实都是有三四层楼的大饭店，它们能够容纳1000名食客同时用餐。陶陶居[2]、莲香楼、惠如楼等广州饭店全天供应点心，它们创作的点心声名远播。直到今天，其中的叉烧包、烧卖仍为我们所熟知。

在躁动的20世纪20年代，广州最好的饮茶去处是茶楼。这些茶楼有着精雕细琢的大门，里面挂满了字画。茶楼提供诸如虾饺之类的精致点心，它们以追求完美的态度制作点心。茶楼里的点心有时又被称作"即蒸"。这指的是所有点心都是在食客下单后才开始加工。它们一般会为食客提供一张印着所有点心的单子和一支铅笔，食客可以自由地勾选想要吃的点心的数量和种类。然后，服务员会收走单子，交给厨房，让他们开始点心的烹制。

顶级的茶楼还会提供时令点心，每周都为食客换一个新花样。一些广州茶楼会在冬天提供福建的南安卤鸭，它们会把卤鸭做成粉果和千层酥的馅。夏天的时候，广州地区会出现一种叫"桂花蝉"的知了。茶楼会把这种知了做成馅饼。（我丈夫还记得在他小时候，也就是20世纪40年代末，广州街上每到夏天都有卖这种知了。小贩会把两只知了穿在一起卖，一般每串卖5角钱，和一碗云吞的价钱一样。）

饮茶最实惠的地方叫二厘馆[3]。这个名字指的是你只用花"二厘"就能吃上点心。这种馆子一般只有一层，比起大茶楼，它们更像路边摊。二厘馆的室内、室外都放满了木质桌椅。这里可没什么服务，供应的点心种类也很有限：一般只有松糕和芽菜粉。它们所服务的对象是劳工、轿夫和黄包车夫。当然，里面也有叉烧包和鸡

包仔，不过这些包子的味道通常很一般。有些二厘馆的鸡包仔里还留着鸡骨头，这是为了让食客确信他们所吃到的是真正的鸡肉。（那时，食客常常担心自己吃到的是老鼠肉。）

位于茶楼和二厘馆之间的是适合大众消费的茶馆。它们和现在的点心店很像，里面通常吵吵闹闹，人满为患。它们一般都有好几层楼，一楼大多是糕饼店，上面的几层才是真正用餐的地方。为了更快地上菜，厨房大多位于二楼和三楼之间。如果你坐在一楼吃饭，那你恐怕就得不到什么服务喽。

上面的楼层一般分为大厅和包厢。小心翼翼地捧着杯碗案碟的服务员不停地穿梭其间。

一开始，服务员会在用餐结束时通过清点餐盘的数量来计算价格。不过不少食客经常用藏餐盘的办法来赖账。茶馆很快意识到了这一点。到了20世纪70年代，它们开始把代表不同价格的木牌挂在餐桌旁，以便于计价。这种方法一直延续到了现在。

茶馆里最初售卖的点心是大包子。不过，煎饺、蒸饺很快就从北方的西安传入了广东。接着，杏仁豆腐又

---

1 译者注：茶馆用音乐、美女和斗鸡等特色来招揽食客。茶馆有时会雇说书人表演侠义类的说书，有些茶馆还会在密室里安排斗鸡、斗蟋蟀等项目。

2 译者注：陶陶居于1880年开始营业。到了20世纪20年代，文人墨客和名伶们经常去陶陶居饮茶。陶陶居会用从白云山九龙泉打来的泉水泡茶。（20世纪20年代的广州没有自来水。高档茶馆一般用泉水泡茶，而低档茶馆用的则是珠江的苦水。）

3 译者注：对富人来说，香港的二厘馆并不只有茶水和点心。这里说的话经常有双关的语义。例如，女侍者问客人想喝什么茶的时候，客人可能会说"普洱啦"（这三个字的粤语发音很像"抱你啦"）。不过，女侍者也有相应的反驳方式："先生还是水仙（死先）好。"

从北京传了过来。源自西方的蛋挞和源自街头食物的银芽肉丝炒粉也走进了茶馆。

我们所熟知的点心店在 20 世纪 50 年代由香港传入西方。（香港最早的点心店大多是二厘馆。）这些港式点心店通常还能举办宴席，有的甚至有麻将桌。食客在阿嫂推着的餐车中选择自己想要吃的点心。它们提供的点心很多，不过店里的茶水都比较差。随着此类点心店的流行，老式茶馆逐渐退出了历史舞台。

如何使用本指南

大多数经常光顾北美点心店的食客会发现，这里所列举的点心都很常见。没吃过点心的人也能通过这些图片认出大部分点心。（这些图片是根据不同的制作方法而分类的。）这种排列方式能够让第一次光顾点心店的人轻松地点菜。

前半部分介绍的是蒸点，后半部分介绍的是煎点、烤点和甜点。在这两大类之下，我们又根据点心本身的食材将它们分成了几个小类。

我们为所有点心都配了图。每张图片上都有示意箭头，它们和介绍文字中的斜体部分相对应。图片左边有食用说明图例。下面我们会专门介绍这些图例。

文字部分还会介绍相应点心的大小和颜色。如果没有特别说明的话，那我们所提到的点心都源自广东。

蒸	盘子	碗	用手	用勺子
冷菜	热菜	有骨头或壳	辣味	蘸酱吃
用筷子和勺子	吃之前要剪开	可能含有贝类	吃前请打开	有酱	素食

三种颜色所代表的容器： 蒸笼 ｜ 盘子 ｜ 甜品碗

蒸饺

未发酵面粉包制类

这些两英寸长[1]的饺子长着大软糖的样子。它们的皮很薄，有的合口处有褶子。蒸饺是用"热面"做的。热面是热水和面粉的混合物。有的蒸饺面里还会加入胡萝卜或菠菜，这能让它们变成彩色。里面的馅也很多样，不过大部分是猪肉、虾、蔬菜。里面一般还会放生姜、葱、洋葱、白菜、卷心菜、胡萝卜、冬菇等配料。素蒸饺里通常放的是蔬菜、粉丝和煎蛋。饺子可能源自中东地区，它经由丝绸之路传到了中国。如今，全中国的人都会吃饺子。有的蒸饺会做成金鱼、大蒜头这样的花哨形状。蒸饺皮尝起来黏黏的，馅很多汁。

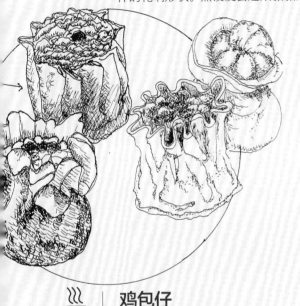

烧卖

未发酵面粉包制类

烧卖是用茶杯状的面皮包馅的点心。里面的馅一般是猪肉和虾，厨师还会在里面放笋、冬菇、马蹄等配料。有时，厨师会把烧卖的皮捏成花瓣的形状。为了起到装饰的作用，馅的中央通常会点缀一片颜色鲜艳的火腿、蛋黄、青豆或虾仁。早在元代，中国北方的人就开始食用烧卖。（中国北方的烧卖的皮通常较厚，它的馅通常是掺着冬菇、笋、虾干或青洋葱的猪肉。）烧卖皮尝起来黏黏的，不过它的馅不像蒸饺那么多汁。

鸡包仔

发酵面粉包制类

鸡包仔用的是粤式点心粉，它的顶端有个褶子，里面的馅是鸡肉和广式腊肠。（里面也有可能放猪肉和虾仁，或者冬菇、青洋葱等时令食材。）鸡包仔的底部一般有张油纸。鸡包仔是大包子家族的一员。皮厚馅足的大包子源自中国北方。包子先传到广东，然后再传至香港和海外。据说，包子是由三国时代的诸葛亮发明的。传说诸葛亮将渡泸水，忽然风浪大起，人不能过，乃问当地土人言是猖神作乱，当以49个人头投水祭祀。诸葛亮不忍杀人，就和面为剂，面中其实是牛羊肉，塑为人头形状，将其投入水中，风浪乃止。鸡包仔皮很白，摸上去像海绵，馅鲜嫩多汁。

---

1 编者注：英寸为英制长度单位，1英寸合2.54厘米。

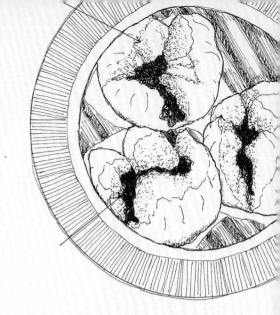

叉烧包

发酵面粉包制类

叉烧包闻起来有浓浓的酵母味。它们一般开着口，有的皮还会裂成几瓣，*露出红色或深红色的馅*。叉烧包的馅一般由叉烧、葱、蚝油和麻油组成。叉烧包的下面通常垫着油纸。有的叉烧包开口会开在下面。叉烧包在香港的名头很臭。常常有传闻说里面放了各种诡异的肉（包括人肉）。1993 年的香港电影《人肉叉烧包》让这个都市传说成为人们心中永久的记忆。叉烧包皮很白，摸上去像海绵，馅松软而咸甜可口。

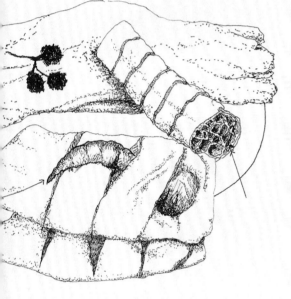

肠粉

包制类

肠粉一般由米粉包制而成，它的皮很薄，馅大多是虾仁、猪肉或*油条*。如果你吃的是虾仁肠粉，那你可以透过皮看到整只的虾仁。有些肠粉外面还会撒芝麻和香菜。在为食客上肠粉之前，厨师会往肠粉盘里倒酱油等调料。肠粉这个名字源自它的外形。如果肠粉里面放的是油条，那这种肠粉通常叫作"炸两"。肠粉皮很光滑，虾肠和肉肠的馅鲜嫩多汁，油条肠的馅很脆。

粉果

包制类

粉果一般为*半月形*，其半透明的皮是由小麦淀粉和玉米粉混合制成的，与饺子不同，粉果没有褶子，它的边缘是*平的*。粉果馅由猪肉、葱、花生、香菜、腌菜和虾干组成。与饺子不同，由于粉果是用小麦淀粉和玉米粉制作的，因此它们是入口即化的面团。有时，粉果还会制作成兔子、鱼等形状。粉果除了蒸制之外，还可以油炸食用。粉果出现于 20 世纪 80 年的广东大良地区。粉果的皮有点黏，它的馅有点脆。

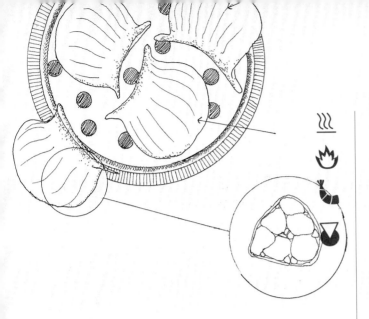

虾饺
包制类

透明的虾饺皮是由小麦淀粉和玉米粉制作而成的，它的馅通常包括整只的鲜虾仁、一小块猪肉和笋。之所以要加入后面这两种东西，是为了增加颜色上的对比。虾饺的一面有众多褶子。它诞生于20世纪初的广州，其创造者是一家河畔小茶馆的老板。为了打败竞争对手，他选用渔民每天现捕的活虾，再配上适合当地人口味的猪肉和鲜笋，最后用精致的面皮将这些馅料裹起来，做出了虾饺。虾饺皮有点黏，它的馅很脆。

糯米鸡
包制类

用*荷叶*将糯米、香料和馅料包在一起蒸熟，就成了糯米鸡。它的馅通常是鸡肉（一般是鸡腿肉）。里面一般还会放广式香肠、烤肉、虾干、干贝、香菇、笋等佐料。*荷叶并不封口，只是简单地卷成一个包*。珍珠鸡是糯米鸡的变种之一。用荷叶将泡发后的糯米、大块鸡肉和时令配料包在一起蒸熟，就成了珍珠鸡。还有一种做法是用竹叶包裹这些配料。糯米鸡的外面是一张不可食用的叶子，里面是鲜嫩多汁的鸡肉、柔软的糯米、可口的腊肠等馅料。

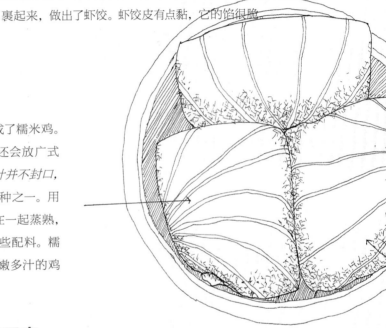

酿豆腐
蛋白质类

把豆腐中间*挖空，再塞上馅料*，然后切成方形或三角形，就成了酿豆腐。酿豆腐的馅通常是猪肉，有时也会是虾仁或鱼肉。厨师还会往里面放马蹄、生姜等口感爽脆的配料。厨师会先炸一下酿豆腐，再倒上酱油，用文火烹制（有时也会用水煮或蒸制的方法制作）。我们也可以用茄子、藕、苦瓜、辣椒和甜椒来制作酿豆腐。这是一道客家菜，随着客家人（他们是来自北方的移民）融入了当地的广东社群，包括酿豆腐在内的客家菜也进入了茶楼。普通酿豆腐的外层很软，如果是油炸酿豆腐，那它的外层会有点硬，很有嚼劲。与外层相比，酿豆腐的馅十分多汁。

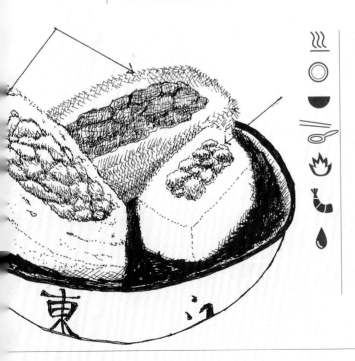

豉汁凤爪
蛋白质类

先将整只*剪掉指甲*的鸡爪油炸，再用文火将它放置在微甜的酱料中炖软，接着放在小碟上和豆豉等香料一起蒸制，就成了豉汁凤爪。有时，豉汁凤爪里面还会放点鲜辣椒。凤爪上完全没有肉，原本坚硬的鸡皮在吸收了豉汁之后成了胶状的物质。鸡皮下面还有韧性很足的肌腱，它看起来就像在阳光下暴晒了很久的橡皮糖。连接整个凤爪的是一根细长的小骨头。由于在吃凤爪时要不停吐骨头，因此人们往往喜欢把汤勺放在嘴边，以便随时接骨头。凤爪皮很柔软，肌腱则很有嚼劲。

豉汁排骨
蛋白质类

把排骨切成一英寸左右的小方块，再加豆豉、生姜等香料将其蒸熟，就成了豉汁排骨。有时，厨师还会往里面放辣椒。豉汁排骨非常鲜嫩多汁。有时排骨里面还会有细细的软骨。用不同的酱料制作排骨，就是豉汁排骨的变种，其中最有名的是话梅排骨。除了伊斯兰地区以外，中国所有地方都有吃排骨的习惯。排骨可以油炸，可以清蒸，也可以炖煮。豉汁排骨的大小适宜，无论用筷子夹，还是用汤勺盛都很方便。当然，在吃它的时候，你必须要当心里面的软骨和黏糊糊的酱汁。豉汁排骨软硬适中，口味咸鲜，里面一般都有一根骨头。

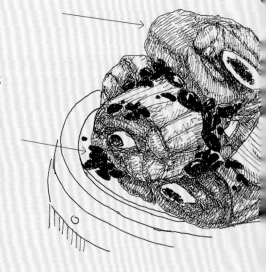

锅贴
煎饺类

锅贴由较薄的面粉皮制成，通常是猪肉馅。它的边缘一般有褶子。锅贴的名字源于它在煎制时底部会和锅黏在一起。锅贴摆盘时，金黄色的底部应该朝上。与蒸饺不同，传统的锅贴（源自天津）是*长条形的*，它的两边都有开口。有一个关于清朝统治者生活奢靡的小故事，说的是慈禧太后很爱吃饺子，不过她只吃刚出炉的饺子。为了随时能让她吃上热饺子，御膳房不得不时刻蒸制饺子。有一天，慈禧太后在御花园散步，突然闻到墙外传来了一股诱人的香气。她走了出去，发现冒着香气的东西很像饺子，不过却是油炸的。原来御膳房把饺子成堆成堆地扔出了宫，穷人捡走了这些饺子，然后用油炸的方法对它们进行加工。锅贴从中国北方流行到了全中国。锅贴外皮上干下脆，馅鲜嫩多汁。

萝卜糕
煎点

把中国大萝卜磨碎，再加入米粉，放在模具里蒸熟，待冷却后把它们切成半英寸长的小块，最后煎至金黄色，就成了萝卜糕。里面还会放广式香肠丁、冬菇、虾干、干贝等佐料。萝卜糕一般就着红醋吃。有的萝卜糕没有煎这个工序，它们在蒸熟后就直接可以就着酱油吃。潮州地区的人通常在过年的时候吃萝卜糕。潮州人把萝卜糕叫成"菜头粿"，菜头和财头是谐音词，因此吃萝卜糕能为人们带来财运。中国南方还有一些萝卜糕的变种，例如闽南、台湾地区用芋头做成的芋糕。萝卜糕外面很脆，里面有不少有嚼劲的小颗粒。

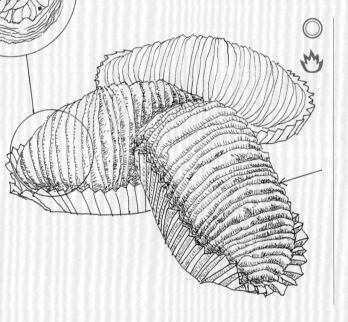

萝卜酥
包制烤制糕点

用螺旋形的外皮包裹萝卜丝，就做成了萝卜酥这种广式点心。厨师会把萝卜丝切得很细，再往里面加入火腿丁、青洋葱和黑胡椒粒。再用猛火对其进行烧制，接着把它烤成（油炸成）金黄色。萝卜糕最有名的变种是上海萝卜丝酥饼。中式糕点一般用的不是黄油，而是猪油。因此，它们本身的口味并不明显，主要用来衬托馅料的味道。在南方，人们用好几层酥皮包裹面团，再把它们切成单独的小块。经过烤制，这些小块就会变得很酥脆。北方糕点和南方糕点的制作方法很相似，不过它们通常会用面团包酥皮和馅来制作口味各不相同的糕点。因此，北方糕点的表面很平整。萝卜酥外皮很酥脆，馅是可口的萝卜丝。

咖喱角
包制烤制小吃

把鸡蛋面团或酥皮面团切成两英寸左右的圆团，再往里面加入由牛肉和洋葱组成的咖喱馅，最后把外皮折成半月形或褶子状，就成了咖喱角。如果咖喱角是烤制的，那在入烤箱之前厨师会往里面加蛋液，如果它是油炸的，那就不需要放蛋液。有时厨师也会用春卷皮做三角形的咖喱角，此类咖喱角通常都是油炸的。咖喱角的成品都会微微鼓起，并呈金黄色。咖喱角外皮很酥脆，馅松软微辣。

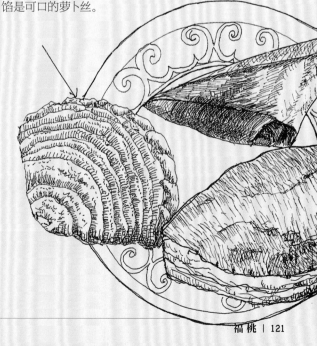

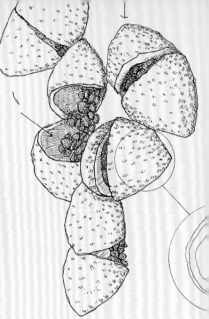

 ## 咸水角
油炸包制蛋白质类

用少许小麦淀粉、猪油、热水和糯米粉混合，再往里面加上猪肉、虾干、蔬菜（例如芥菜、笋、冬菇、马蹄）等馅料，捏成*两端微尖*的圆形，最后入油锅炸至鼓起，并呈金黄色，就成了咸水角。咸水角的表面有点像砂纸，有很多纹理，微黏的面团里有许多小而可口的时令馅料。饭团因日式糯米团而举世闻名，不过中国云南、广西的少数民族也常常用糯米制作糍粑等食物。和客家做法一样，这些少数民族在制作糍粑时也往往不在糯米里加糖。在中国北方，饭团是冬季和春季的重要食物。中国南方在冬至和过年时吃汤圆（这象征着团圆）。咸水角外皮有点干，又有点粗糙，馅料可口多汁。

酿蟹钳
油炸包制蛋白质类

剥掉蟹钳的壳，只留下*钳子的最顶端*部分，然后用虾仁碎肉（也可以往里面加入猪肉和蟹肉）把蟹钳裹成球状。碎肉里往往还有生姜、青洋葱、黄油等佐料。然后用玉米淀粉、蛋液和面包屑包裹蟹钳，最后将其入锅油炸，就成了酿蟹钳。不拌粉的酿蟹钳也可以清蒸。虾仁碎肉不仅不会喧宾夺主，还能衬托蟹钳的鲜味，再配上各式时令佐料，虾仁和蟹肉可以做到入口即化，为味蕾带来极致的享受。厨师会手工制作虾仁碎肉，只有这样才能同时保证碎肉的细腻和牢固。酿蟹钳的变种包括在里面加入白灼芦笋尖或冬菇，此类酿蟹钳往往采用清蒸的做法。酿蟹钳外皮很脆，里面尝起来柔软多汁，带有蟹肉鲜甜的回味。

 ## 芋饺
油炸包制蛋白质类

把大芋头蒸熟，再做成芋泥，接着往里面加入小麦淀粉、猪油、热水，将其做成糊状的物质。芋饺的馅料主要是猪肉，有时里面也会放鲜虾、叉烧、冬菇、笋和青洋葱。等芋糊冷却后切块，往里面塞入馅料，再手工揉成*松软的*球状。入锅油炸后，它们会变成蜂巢状。这是因为芋糊经过高温油炸会逐渐变成酥皮。芋头生长在热带和亚热带，因此芋饺主要是中国南方的食物。芋头有两种，大的那种有足球那么大，小的那种只比高尔夫球略大。大芋头口感较干，一般做成潮州翻砂芋等点心；大芋头做成的点心芋味更明显。小芋头纤维明显，更为多汁。小芋头做熟后仍能保持芋头本来的颜色，它们更适合清蒸和炖。小芋头的口感介于笋和土豆之间。芋饺外皮呈网状，松软微黏，馅料可口多汁。

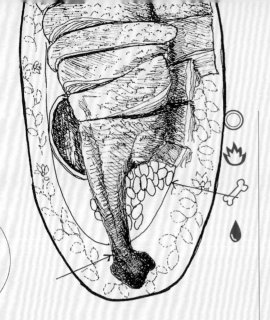

烧鸭
烤肉类

广式烧鸭一般按例或按只上。无论烧鸭的具体做法如何（烧鸭有许多种做法），它们的外皮都呈红褐色，吃起来很脆，其脂肪层会明显地和鸭皮、鸭肉隔开。烧鸭一般都有酱汁，酱汁的口味也各不相同，有的微甜，有的则很甜。烧鸭肉通常多汁可口。厨师会在*保留鸭骨*的前提下把烧鸭切成半英寸宽的小块，再把它们摆盘成完整的鸭子形状。

有的烧鸭里还会配一盘甜黄豆和梅子酱。

每家餐馆一般只提供一种烧鸭，并配有专门的辣油酱或酱油。烧鸭外皮脆、甜，咬下去肥瘦相间。

片皮烤乳猪
烤肉类

烤乳猪的制作方法如下：用麦芽糖和镇江醋反复腌制猪皮，同时用海鲜酱、芝麻酱等调料腌制猪肉。这样就能产生鲜嫩、胶状的猪肉。*烤制过程能够分离皮肉*，使猪皮变脆，并使*脂肪层和肉层变得分明*。猪皮可以配上馒头、海鲜酱单独食用（通常是在高档宴会中）。在点心店里，烤乳猪通常皮肉一同食用。烤乳猪外皮很脆，咬下去肥瘦相间，骨头也像软骨般柔软。

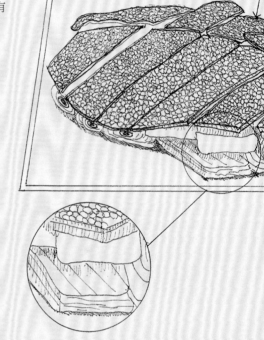

杧果布丁
凉布丁

将成熟的杧果打浆，再与牛奶、糖、明胶和鸡蛋混合，冷却后装入单独的杯子中，就成了杧果布丁。杧果布丁通常*形状很特别*。它们一般是淡黄色，*里面还会放小粒的杧果肉*。有些厨师还会往上面浇一层炼乳。有时里面也会放浆果、薄荷、欧芹、生奶油等色香味俱全的佐料。这可能源自英国的传统美食牛奶冻。牛奶冻是一种冷饮，它们大小各不相同，通常是杏仁味的稠奶或稠奶油。杧果布丁的变种包括椰果布丁、西米布丁，有时里面会加芋头块和罐头水果块。杧果布丁外皮很软很滑，往往加了杧果粒。

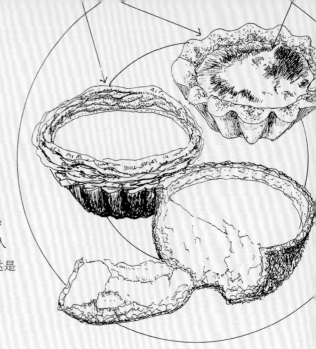

◎ 蛋挞
冷甜点

蛋挞是一种中式酥皮点心。蛋挞与咖喱角很像，也是把切成圆形的面团放进饼模中，然后进行烤制，并放入甜稠的蛋奶混合物（通常是鸡蛋、牛奶和香草），最后将其烤至半凝固状。蛋挞冷热皆可食用。其实蛋挞很有可能源自英国的蛋奶馅饼。广州地区的人将蛋奶馅饼做得更甜、更小，就成了蛋挞。上端焦黑的葡式蛋挞是蛋挞的变种。蛋挞外皮又脆又酥，咬下去软软的，充满了蛋味。

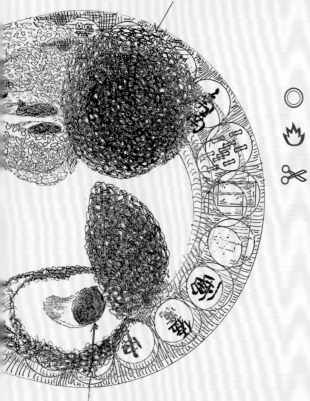

◎ 煎堆
🔥 ✂ 油炸热甜点

煎堆是用甜糯米粉做成的圆球状点心。在入锅油炸之前，厨师还会在外面撒上芝麻。这种曾经的新年经典美食如今成为日常的点心。煎堆里的馅通常是豆沙。煎堆会随着出锅时间的变长而变软。煎堆是粤语叫法，在北方，人们一般把它们叫作麻团。不过，它还有许多别名，例如满洲里人把它叫作麻圆，海南人把它叫作珍袋。大多数煎堆直径为两英寸，不过有些餐馆、小贩会做直径六英寸以上的煎堆。煎堆外皮很脆，覆盖着香芝麻，咬下去软糯可口，充满了豆沙馅。

◎ 奶黄包
🔥 热蒸甜点

往面团里略微放点糖，再把它们揉成圆团，并在底部开一个口，接着放入用鸡蛋、糖、黄油、玉米淀粉、牛奶、炼乳和奶酪粉调成的奶黄。奶黄包通常是蒸制的，有时也会用烤制的办法制作。如果趁热吃奶黄包，那里面的奶黄就会是*流质的*，就像温泉蛋的流黄一样。奶黄包下方通常垫有油纸。奶黄包外表洁白松软，亮黄色的馅在温热时为半流质，等冷却后又会变成固态。

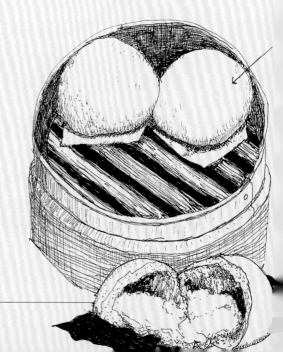

Transitional Period

from deep sea someone comes
bringing the sunrise code
the silence of thousands of dying horses in the blue

a deaf bell,ear of the era
is at the center of noise,
hawk flies: sign language

delivering an ancient message
the rainbow crosses all the dynastise to this moment
electrified shadows stand up

a slender river from heaven cuts though
the jujube forests of a street vendor's first love
the sunset glow vanishes from his face

Chinese characters are printed over the dark night
a crocodile in the Congo River on TV
bites into the bladder of a dreamer

chopsticks pulled on the bow of a full moon
with one whack the cook chops off
the dawn in the chicken's head

过渡时期

北岛

从大海深处归来的人
带来日出的密码
千万匹马被染蓝的寂静

钟这时代的耳朵
因聋而处于喧嚣的中心
苍鹰翻飞有如哑语

为一个古老的口信
虹贯穿所有朝代到此刻
通了电的影子站起来

来自天上细瘦的河
穿过小贩初恋的枣树林
晚霞正从他脸上消失

汉字印满了暗夜
电视上刚果河的鳄鱼
咬住做梦人的膀胱

当筷子拉开满月之弓
厨师一刀斩下
公鸡脑袋里的黎明

今年早些时候，我们收到了一位名叫希德·芬奇的作家发来的选题。经过几封邮件来回沟通后，我们同意了这个选题，并将这个任务分配给芬奇女士。从8月份开始，我们就没有收到她的回信，以下是她从现场发来的邮件。

如果你有任何关于希德去向的线索，请发邮件到 MissingSyd@lky.ph

万菜之母

发件人：希德·芬奇 <msfinch@leipzigger.de>
时间：2012 年 5 月 19 日早上 8:50:09
收件人：彼得·米汉；应德刚
RE：宣讲

彼得：

很高兴你感兴趣，我相信这一定会变得非常精彩! 我已经迫不及待要去追踪这个灵异奇谈了。

克里斯：为了让你能理解我们的谈话，我现在把我发给彼得的邮件也转给你：

前不久，我收到了一笔赞助金的确认通知，批准我明年年初从德国去一次云南大理，为我博士后的课题（我称之为"失落的中国历史"）做些田野调查。

这个计划要追溯到早些年，我为了硕士的研究课题而探访丝绸之路的时候。那时我为一个法国的考古学家克劳德工作，因此在印度的西北部待了六个月。由于我迟到了一段时间，所以当我赶到现场时，他的大部分工作都已经做完了。于是我只用了一部分时间担任几个中国劳工的协调人（我会说普通话和粤语），剩下的大多数时间里，我穿梭于当地集市和路边摊，一边忍受着要命的炎热，一边消磨着回莱比锡前的时间（我之前在莱比锡大学读过一段时间书，现在我在莱比锡教育研究所工作）。某天下午我路过一个摊贩，被几件漂亮的古瓷吸引了，凭借我的专业知识，我一眼就看出它们年代久远。这些瓷器价格低廉，以我当时微薄的收入完全可以承担，所以我买下了那些瓷器——一件形状奇特的有盖汤碗和几个小碗，并把它们带回了营地。

克劳德看到那些东西后简直欣喜若狂，告诉我它们是明朝的古董，根据形状和花纹，他推测这些瓷器来自现代大理所在的地区。他坚持要我带他去找那个摊贩，我只好使出浑身解数去寻找，只可惜最后那个摊贩还是不知所踪。事后，当他得知我回来的路上摔碎了其中的一个小碗时，他暴跳如雷，并不停地指责我

说"你怎么可以如此不小心"云云。不过之后他又拿着那些碎片说，他和加州大学洛杉矶分校的一个科学家有点关系，只要把其中的一块送到那儿去就可以估算出这些陶瓷的具体年代。他还开始称我的收获为"我们的瓷器"（他此前的挖掘几乎一无所获，所以我怀疑他打算把我的瓷器卖了换钱）。

几周后，那个加州大学洛杉矶分校的女科学家艾米·洛瓦特回信了，信中说，没错，这些陶瓷确实来自明朝——年代肯定比 1640 年更古老。但是替洛瓦特教授操作实验的女学生发现了一件比这更有趣的事，她在这批陶瓷器的多孔釉膜中发现了赖氨酸、谷氨酸和谷蛋白的痕迹，这些化学成分标志着一个显而易见的食物组合：番茄，可能还有酱油，和一些小麦制成的面条。我花了一段时间才理解她到底想说什么，原来这些线索提出了一个全新的疑问：云南人是否比意大利人更早开始用番茄做面条？

可惜的是，我最终还是在离开印度之前把那些陶瓷器卖了——或者说是克劳德把它们卖了，但因为我也拿到了一份钱，所以我有一种共犯般的罪恶感。也许我还可以从洛瓦特教授那儿要回几块碎片，拍下照片来为这个故事做脚注。说起洛瓦特教授，她似乎对"在中国的南方有一种来自新大陆的食物料理，而这批陶瓷器正是它的证据"这一观点持开放性态度。而我则把它放在了一边，转而返回我的大学去继续我的学业。

之后，我在业余时间里大致整理出了一个模糊的时间线：番茄最早是在 16 世纪从新大陆传到了欧洲，而它在欧洲种植则要追溯到 16 世纪末期到 17 世纪的意大利，至于番茄酱，直到 18 世纪——根据许多统计显示是 1773 年——才首次出现在意大利菜谱上。另一方面，随着丝绸之路的消失，欧洲人一直试图寻找一种和中国保持贸易的途径。因此在 16 世纪——哥伦布从新大陆带回番茄后半个世纪左右——葡萄牙探险家和意大利传教士，例如利玛窦，设法来到了中国。因此我认为，当时的中国与同时代的欧洲人在同一时期接触

到了来自新大陆的食材，并用它们创造出料理，而那些（我们一直以为是源自欧洲的）料理又顺着当年食材从欧洲传到中国的路线传回了欧洲。简而言之，我认为番茄酱意大利面这道料理是来自中国的（这么说来，难道不是所有料理都来自中国吗）。

我的意大利男朋友埃拉里奥，就对我关于意大利面发源于中国这一观点十分不解。每次我和他提到这个观点，他都要向我展示意大利料理的优越性，还说他祖母做的番茄酱将打消一切对番茄意大利面的起源和历史的质疑，我会这么说只是我还没尝过足够好吃的番茄酱云云。

于是今年春天我跟着男朋友拜访了他在摩德纳的家，他们家族世世代代居住在一个乡间别墅中，至今已经有两个多世纪了。尽管现在只有我男朋友的祖母还长住在这间大屋子里，但好几个子女，加上媳妇和女婿、孙子和孙女，还有三个曾孙让这个大宅子从来不会冷清（我们到那儿的时候有六个亲戚在，他们是所谓的"被抛弃的人"）。

农娜——大家都是这么称呼她的——时刻都在炉子上煮着至少三个壶，炉子散发出的热浪简直能把人烤熟，但她似乎并不觉得有影响。她做的食物确实好吃极了，但却没有丝毫动摇我的假设，在我们到达的第二天早上，我就让埃拉里奥在厨房帮我问了她几个问题：她是和谁学的烹饪？她做菜多久了？她有做过意大利菜以外的料理吗？埃拉里奥帮我翻译给他祖母听，得到的回答是：我的婆婆在我结婚后开始教我做菜，非常非常久，没有。

于是接下来我把我的理论告诉了她，心想埃拉里奥应该已经事先和她提过这件事了，但当她听到我说番茄料理，或者准确地说番茄酱来自中国之后，她的反应却大大出乎我的意料，以至于我说她怒发冲冠都显得有些太轻描淡写了。此后她整个周末都没和我说过一句话，对我的态度简直鄙视至极，尽管我向她请求原谅，表示收回我说过的话，但却无济于事。

几天后，埃拉里奥对他祖母对待我（甚至他）的态度感到了愧疚（每次我离开房间，都能听到他的祖母用模糊的摩德纳方言把我说成一些难听的东西，而他则在一边劝阻）。于是在那儿的最后一个晚上，他带我去了一家餐厅，那家餐厅可以说是我们两个在一起吃过的所有餐厅中唯一可以真正称得上高档、非凡的。餐厅名叫法国酒馆餐厅，大厨是马西莫·博图拉[1]。我事后谷歌了一下，我想他应该和大卫·张认识。

能够逃离那个压抑的乡间别墅，哪怕只是几个小时，已经让我十分满足，而那顿难以置信的晚餐则是另一个收获。农娜却仍然在一个这样的晚上，成功地用她强大的存在感影响到了我，尽管方式出乎意料，而且并没有让我不开心。事情是这样的，通过这顿饭，博图拉证明了自己不仅是一个杰出的现代料理先驱者，同时也是世界上最优秀的意大利料理师。他就好像，嗯，在向摩德纳方圆 50 千米内所有祖母的跪拜朝圣中制作了环状意大利馅饺，这些祖母当然也包括了农娜。用完餐后，我们参观了整个餐厅，并有幸见到了大厨。博图拉人很帅，浑身散发着一种魅力，很自然地问了我们几个问题，让我感到十分愉快。可埃拉里奥紧张得让人一眼就能看出来，他那双不自然地乱动的腿也出卖了他，我只好无视他，把话题引到了我的中国起源论上。

在我又一次鲁莽地冒犯了意大利厨师对本国料理的自豪的时候，他只是用心地听着。我和他说了我整理出的时间线，说了在印度时和克劳德的事，说了我打碎的一个碗，又说到我去大理的计划正在等待批准等等。没等我说完，我突然意识到，在刚才用餐时喝的红酒的作用下，我竟然一口气说了那么多。而我这才发现，除了我的声音，我们进行交谈的走廊寂静得可怕。

"我猜我们这么多年来都在做中国菜。"博图拉咧嘴一笑，也逗得我们笑了起来，但他却很快收起了笑

---

1 译者注：法国酒馆餐厅是意大利摩德纳的一家米其林三星餐厅，马西莫·博图拉则被多次评选为意大利最好的厨师。

容，转向埃拉里奥，很快地用摩德纳方言说了一句话（我猜可能是"这个女人疯了吧"），而埃拉里奥则用点头回应。博图拉接着说了下去，埃拉里奥在一旁翻译。

博图拉说他早年招过一个学徒，名叫云也素（音），来自大理，用博图拉的话来说，是他见过最优秀的厨师之一。事实上，在我们那天晚上吃的菜中，貌似有一道就是来自那位学徒当年做给博图拉吃的菜的改良。"当时他做那道菜给我吃，差不多就像是送给我的礼物吧。"博图拉说道，"他真该自己来做的，那可是人间极品。"据他说，那个学徒也和他提到过中国使用番茄是意大利菜中类似做法的起源，狂妄地宣称番茄酱很早以前就存在于他家族的食物储藏室中，而在那时意大利人甚至还没克服自身对于茄类植物的恐惧。

不管（抑或是因为）他提出的这些意见，博图拉大厨最后花了两个月的时间试图说服云留下，给他提供了一份全额薪水的工作，和其他各种待遇。但那个年轻人却已经下定了决心要去不同的地方工作，来学习整个欧洲的美食烹饪法。那之后博图拉失去了和他的联系，但他知道云在某个时间去了斗牛犬餐厅[1]，因为那里的主厨费兰·阿德里亚最近和他说了一个一模一样的故事——一个神秘的中国人带着惊人的天赋和无限的潜力来到人们面前，却又像季节一样转瞬即逝。

我强烈要求博图拉回答我更多的问题，但他必须回厨房了，他最后告诉我，如果我要参加今年7月在

---

1 译者注：斗牛犬餐厅是西班牙巴塞罗那的一家米其林三星级餐厅，被称为"世界上最难预约的餐厅"。

哥本哈根的丹麦MAD（疯狂）美食节的话，他可以把我介绍给费兰。我受宠若惊，在向他反复地表达了我的谢意之后，我们离开了餐厅。接下来在意大利的时间里，我都在计划去哥本哈根的旅行。

回到莱比锡后，我一头扎进图书馆，试图寻找和云也素相关的信息，最终却一无所获。但对我来说，这却证明了它可能联结着一个史无前例的重大发现。

几个星期后，我就要前往哥本哈根。（我会在那里见到你们吗？）博图拉说会把我引荐给别的厨师，不过没那么正式，他说，如果他得知云也素曾为在场的某些大厨工作过，他一点也不会感到惊讶。

> 先生们，有一名中国厨师正在全世界的顶尖餐厅流连穿梭，我觉得他可以为改写食物从新世界到达旧世界的传播路径提供帮助，这样颠覆性的观点是我们闻所未闻的。

先生们，有一名中国厨师正在全世界的顶尖餐厅流连穿梭，我觉得他可以为改写食物从新世界到达旧世界的传播路径提供帮助，这样颠覆性的观点是我们闻所未闻的。我要找到他。

祝好！

希德

发件人：希德·芬奇 <msfinch@leipzigger.de>

时间：2012年7月2日早上8:50:09

收件人：彼得·米汉；应德刚

主题：到达哥本哈根

嗨，朋友们：

先告知你们一下，我给洛杉矶的艾米·洛瓦特写信了，询问她是否还留有那些瓷器的碎片。

我感觉博图拉可能觉得我是一个古怪的明星厨师跟踪狂，因为在我们到达哥本哈根之前，他没有回复我任何一

封邮件。不管怎样，他先前答应我在此碰面，并在某个清晨把我引荐给了大厨费兰·阿德里亚，之后他俩一起去美食节展示了。

阿德里亚英语讲得一般，于是我只能拼尽全力使出我蹩脚的法语向他提问。我从他的肢体语言可以判断，阿德里亚不仅对马西莫厨师安排了这次会面感到惊讶，更令他讶异的是我们竟然谈到了云也素。趁我点咖啡的空档，他飞快地用西班牙语或意大利语和马西莫交流了几句。马西莫拍拍他的肩。然后，毫无征兆地，费兰突然脱口而出，谈到云也素的餐厅是世界上最震撼人心的地方，他无法想象，我是怎么发现这件事的。

我竭力保持镇定，但事实上，我完全一头雾水。餐厅？我装作听懂了他说的话，并不留一秒钟的空隙，立马接话："是呀，我试了好几个月在他的餐厅预订位置，我听说简直比登天还难，但我……"

阿德里亚瞬间拉下了脸，他意识到自己犯了个错误。我并不是懂行的人，更可怕的是，我是个谎话精。他说他必须走了，要赶去为当天的一场厨艺展示做准备，或许我们可以等美食节结束之后再聊聊。

这时候，马西莫，这位可爱的天使，再一次对我出手相救。"是我告诉她的，云也素是一名不可思议的厨师、创意无限的天才，他对中华料理和历史有着大胆卓越的想法。"他对阿德里亚说。

阿德里亚随即附和："他是一个奇妙的天才、充满活力的厨师。我多希望他能再多待一段日子。他是美食界的未来。"然后他再次请辞，他们两个双双离开，留我一个像傻瓜一样坐在原地。

谢天谢地，今天下午，我收到了马西莫发来的消息（在我绝望地喝下好几杯红酒懊恼失去了一个绝好机会之后）：

"跟这些人讲到了云也素，闹得有些不愉快。现在好了。11 点来菲斯克酒吧。看看你还能挖到什么料。"

明天我会继续给你们写邮件讲讲这次神秘的会面。我

紧张得要死!

希德

发件人：希德·芬奇 <msfinch@leipzigger.de>
时间：2012 年 7 月 4 日早上 6:12:22
收件人：彼得·米汉；应德刚
回复：到达哥本哈根

嘿朋友们：

一小时后我就要启程去机场了。这是在酒吧的最后一晚——哇!

费兰与另一名顾客坐在一张大桌子旁，那位顾客显然是雷哲毕。我在 11 点之前就赶到了，比我们约定的时间略早。费兰招呼我过去，把我介绍给雷哲毕："她叫希德，不会讲西班牙语。"

费兰滔滔不绝地开讲了。雷哲毕在一边为我翻译。

这是故事概要：

云也素是一个秘密，没有人谈论他。这也部分符合了他自己的愿望，当然有些人则是完全忽视了他。他为许多世界顶尖厨师工作过，费兰称他们为"我们的朋友"。（我可以感觉到没有几个"朋友"能为云也素提供创作灵感。）云也素从来不是以雇佣赚钱的方式为他们打工——也从来没跟他们合影。他自称才疏学浅，表达了希望为他们工作、向他们学习的渴望，但他恰恰是所有人见过的最具天赋的厨师。

雷哲毕补充说，云也素早先也在诺玛餐厅为他工作过，那时候他的名字还没那么响当当，还不是"觅食"的近义词，他甚至还没在开始在森林里跑跑跳跳地寻找食材。他俩一起工作到深夜，快打烊的时候，云也素为雷哲毕做过几顿饭。云也素会在休息日出去晃晃，从哥本哈根周边的森林和海滩上找来地衣、苔藓和绿草莓。他做过雷哲毕吃到过的最令人陶醉的"中国菜"，所有食材都是从野外采来的。

我有点不解，是否只是因为欧洲人不熟悉经典的云南

菜？于是我列举了几道云南的象征性菜式——过桥米线、汽锅鸡、乳扇四味——并询问他们是否吃过这几道菜。

费兰（他比我预想的更了解中国的地方菜）摇了摇头。云也素不只做"中国菜"或"云南菜"，他说。然后，他和雷哲毕你一言我一语地拼凑出了一段连贯、精简的云也素生平纪要：

云也素是云南某个名门望族的后代。准确地说，不是皇亲国戚；他的家族发明或者继承保存了一个中华料理烹饪知识和秘密的宝库。（那晚阿德里亚看起来有点疲倦，但是说到这里顿时精神抖擞。）云也素的童年都是在烹饪训练中度过的——雷哲毕插话说云也素曾经告诉他，在云也素会说话之前，家人就教他从危险的植物中辨认可食用的。他从青少年期或者20来岁的时候就出现在欧洲的厨房里——没人知道他的确切年龄；他为人打工从不签合同，握个手就当口头约定了——他的水平甩同龄人（可能也包括其他厨师）好几光年。

这时候，我们的桌子边渐渐地围满了人。看到阿德里亚和雷哲毕无拘无束地讨论云也素，他们似乎都想插几句话。马西莫也在场，赞扬了云也素制作意大利面的高超技艺（"他能随心所欲地揉弄面团"）。纽约名厨怀利·迪弗雷纳也加入了我们，他说："云也素对这项技能有着天然的直觉。"我猜云也素也曾去过美国。

这个晚上实在是令人激动，同时也再一次让我坚信，我必须找到云也素，获得我想要的答案。

对了，费兰还告诉我，云也素已经回中国了。但是当我再次问到他先前提到的餐厅，他说："不在这儿。那不是一个餐厅。"

发件人：希德·芬奇 <msfinch@leipzigger.de>
时间：2012 年 7 月 4 日早上 6:33:03
收件人：彼得·米汉；应德刚
主题：还有一件事

差点忘了昨晚发生的另一个有趣的小插曲。离开酒吧的时候，我正在找我的外套，一个系着领巾式领带、看起来十分富有的先生用女王的口音问我："你听说过他身上的疤是怎么回事吗？"然后开始放声大笑。

"他身上有疤？"

他伸出一根手指，像把刀一样直直地横架在鼻梁上。

"疤是怎么来的？"

他又笑了："你会去中国的，对吗？你自己问他吧！"

希德

发件人：希德·芬奇 <msfinch@leipzigger.de>
时间：2012 年 8 月 1 日晚上 11:52:01
收件人：彼得·米汉；应德刚
主题：到中国了，终于

从云南向你们问好！

我已经到达昆明，稍作停留后，我将前往大理。昆明并不是我在这个星球上最喜爱的城市。它并不糟糕，但是你可以想象它曾经比现在更美。商业化侵占了大部分老城区，就像一道伤疤边长满了毛发。

我现在住在一家奇怪狭小的旅馆里，几乎没什么客人，除了几个生意人，他们做的生意不值一提。（中西部企业生产的商业设备的非关键零件的东亚地区经销商，等等。）窗帘是橘色的，早就和 20 世纪 60 年代的野兽派建筑风格一起过时了；床单是聚酯纤维的，透气性很差。

无须多说，我很期待去大理，认真地开始我的调查。

从雷哲毕保存的一封寄给云的信封上，我看到云的中文名叫作"运耶稣"——跟我的猜测大相径庭。这个名字的意思是"移动耶稣"。我猜翻译少了些什么，但是至少这又是一个新的起点。

忠实的，
希德

发件人：希德·芬奇 <msfinch@leipzigger.de>
时间：2012 年 8 月 3 日晚上 01:33:41
收件人：彼得·米汉；应德刚
回复：到中国了，终于

到大理了！当地人还做奶酪！真的很像意大利南部的马苏里拉奶酪——新鲜奶酪、凝乳、整个过程。英国美食作家扶霞·邓洛普曾在她的博客上介绍过这种奶酪。我也见到了番茄、罗勒、薄荷，和各种各样的食材，我想我可以让埃拉里奥的祖母闭嘴了。很难想象中国人从来没有想过把奶酪、罗勒和西红柿混合在一起，这又不是复杂的脑部手术。

一些从周边山区过来售卖韭菜、菊花菜等蔬菜的中国老妇人对我这个友好、对她们的故事很感兴趣的外国人非常热情，热衷于跟我喝茶聊天。我和她们谈论了瓷器、她们的饮食传统，由此我对我们的理论抱有谨慎的乐观，即番茄和其他新世界的蔬菜来到这片区域远比我们曾经预想的要早得多。至少，很明显可以看出，这些妇女都知道番茄可以做成什么菜。其中一位女士告诉我她家还有一段农业历史故事，这周末她会带点东西来给我瞧瞧。

很快更新。
希德

发件人：希德·芬奇 <msfinch@leipzigger.de>
时间：2012 年 8 月 5 日晚上 01:23:44
收件人：彼得·米汉；应德刚
回复：到中国了，终于

嗨！

我拿到了那个老妇人提到的历史文本。上面的记录已经很难看清，毕竟年代太过久远，但是上面似乎记录了周边地区曾经种植过的粮食作物。不知道是什么时候记载的，也不知道能不能支持我的观点，但是我好像看到上面有"西红"两个字。我会对它作进一步研究，看看是否能帮

到我们。

不幸的是，至今还没有运耶稣和他的餐厅的消息。他是整个调查的关键所在，虽然目前为止的农业种植证据令人振奋，但是找不到他实在是沮丧。我也不知道该从何找起。

发件人：希德·芬奇 <msfinch@leipzigger.de>
时间：2012 年 8 月 5 日早上 01:24:04
收件人：彼得·米汉；应德刚
回复：到中国了，终于

抱歉，彼得。那个只是"西红柿"三分之二的汉字表达。虽然没有明确的结论，但是能在这样的老物上看到"西红柿"还是很有意思的。

发件人：希德·芬奇 <msfinch@leipzigger.de>
时间：2012 年 8 月 10 日早上 03:14:08
收件人：彼得·米汉；应德刚
主题：抱歉

抱歉，我沉默了很久。我很尴尬，没有什么进展可以向你们汇报。还是没有神秘的运先生的踪迹。我计划为这件事（当然也包括我学校里的一些零碎的研究工作）在这里待三周，但我已经开始担心这是个愚蠢的决定。

心情低落的时候，我觉得这可能是一个骗局，一个对没有戒心、想要介入厨师圈子的学者的恶作剧。然后我又记起来，这场追踪的一开始，确实有几个真实的瓷器存在过。

我又想到，一份新创杂志的两名编辑怎么会为了虚无缥缈的事情派作者跨越半个地球去报道呢？

你们还是坚信，对吗？

希德

发件人：希德·芬奇 <msfinch@leipzigger.de>
时间：2012 年 8 月 13 日晚上 03:15:28

很抱歉（再次）我又晚回邮件了。

今天早上，某家高档酒店的一个亲切的服务员听到门房给我提供了那些千篇一律毫无用处的餐厅推荐之后，上前跟我搭讪。我猜他急切地想要跟我练英语，不过半分钟后他就放弃了。当我们开始用普通话交谈，我发现他还有点用处。他告诉我最纯正的云南菜在餐厅里是吃不到的。真正的食客（很明显，他的叔叔是其中之一）在一个私密的地方"美食俱乐部"吃云南菜，那地方可能还实行邀请制。他自己并没有去过，因为他是个素食主义者。但是他看到过无数次他父亲和叔叔在日出前跟跟跄跄、大声喧哗着回到家里，裤子大开，衣服上沾着各种污渍（不只是食物的痕迹）。当他们贤惠的妻子问他们去哪儿了，他们只回答："吃啊。"

他说听起来我似乎是在找那样的场所。但是这种地方对我是关门的——花钱也开不了门（中国各地都有这样的情况发生）。他们似乎不欢迎外来的人。

这是我离"独家推荐"最近的一次。所以，我在酒店大堂中央对这位服务员敞开心扉地聊了起来。我把那些瓷器、运耶稣、高级厨师、我的新理论、我迫切地想挖出真相的故事一股脑儿讲给他听。

我不知道他是怎么想的。有时候现代中国人对别人的多愁善感是无动于衷的。他说他会告诉他的叔叔，让我两天后再去找他。

听起来也没啥希望，但是说不定至少我还能去一次地道的美食俱乐部。

希德

发件人：希德·芬奇 <msfinch@leipzigger.de>
时间：2012 年 8 月 14 日晚上 12:40:12
收件人：彼得·米汉；应德刚
（无主题）

他是真实存在的。

他找到了我。今天早上在市场里。

我抬起头，他就在那儿：一个光头男子，三十来岁的样子，脸上横躺着一条巨型的伤疤。

他听说我在打听他的消息，问我谁派我来的。一开始满脸狐疑，但是一听到名厨们的名字，立马变得热情无比。我欠马西莫一个水果篮子。

我就要去他家吃晚饭了！！！不知道该期待什么。我跟他说我要回来放包。他现在在门外等着。（我时不时地朝窗外望望，确保他还在那儿。）

希德

发件人：希德·芬奇 <msfinch@leipzigger.de>
时间：2012 年 8 月 15 日早上 02:30:12
收件人：彼得·米汉；应德刚
主题：今晚的菜单

嗨！

我回复得太晚了，但是我刚刚经历了这辈子最不可思议的一顿饭。这是一场在历史和哲学中穿行的旅行。我要在我的记忆模糊之前把我经历的事情告诉你们。运不希望我拍照。

首先：根本不是一家餐厅。（楼下是有一家餐厅，运跟它也有一点关系——可能是店主或者掌权者之类的。）他的家里，天哪——简直像是一个画家的工作室，不过这里的主题是美食。这栋楼坐落在城里，地理位置优越，可以清楚地看到外面的山峦，视野空旷无阻。这样的景致是你走在大街上根本无法想象的。屋里显得有些凌乱。转角处的壁龛中陈列着一个陶瓷的轮子，地上到处都是沾着湿黏土的脚印。可以看到许多运收藏的私家菜盘、汤碗、茶杯，等等。太精致了。

然后是这样：工作室中央摆放着一张巨大的厚板餐桌，餐桌上有一个插满棕榈叶的花瓶——这个花瓶和我在印度买的完全是同一个风格。我发现这个花瓶的那一刻，房间里的空气仿佛停止了流动，我的听觉顿时消失。我的眼里只剩下那个花瓶。他告诉我说："今天早上去找你之前，我把它放了上去。我猜你可能会喜欢。"他说，等我们用完餐，他会把一切都解释给我听。这个人到底是何方神圣？

整顿饭可以分为两部分："私房菜"和"个人创作"。

第一部分，第一道菜：他推开一面墙板，眼前奇迹般地出现了一个深长的鱼缸。鱼缸底部趴着两只巨大的野兽般的螃蟹，一对龙虾，还有几种叫不上名字的鱼。运朝里面伸进一只手，有一只明虾游到了鱼缸顶部，仿佛想要被他抓出来。（我称它为"明虾"，但是它可能是一只鳌虾——这只巨大的虾外壳呈些许紫色。）这只大虾懒洋洋地坐在运的手中，然后他关上了鱼缸，把大虾放在桌子上，离我几英尺远。大虾就坐在桌子上，温顺乖巧。

此时，运从房间角落的木桶上取下一块毛巾，伸进一根长长的吸液管。他走过来，将吸液管里的物体倒入我眼前的一个小盘中，看起来像黑醋。我问他这种液体的来源，并提到了镇江。他回答道："这是我的家族独创的，制作方法的历史比你们国家还要久远。我们叫它'全醋'。"

然后，他一步到位，取下了那只大虾的虾头和外壳，放到桌子上，虾身还在扭动。他将那只还剩一口气的虾递给我——冰凉、微甜、纯天然的——我把虾蘸到醋里。一尝到这个组合的味道，我的全身像有电流穿过。一开始，全醋的味道类似于黑醋，带着一种臭臭的发酵的气味。当我坐下来，它的味道就变了，香草味的基调中透出雪利酒的气息，然后一阵带有焦糖味但毫不甜腻的口感让我想到了意大利香醋。但并不是意大利香醋。

好戏上场了。他说了些什么，大意是"让我们免去不必要的礼仪"。然后他拿出一道加了盖子的菜。掀开盖子，里面貌似是搅拌了番茄酱的意大利面。我实在等不及想要吃这道菜了（也热切盼望你们能尝尝）。经过我的盘问，他告诉我番茄酱里面添加了一点猪肉、发酵过的蚕豆作为底料。但是，这就是一碗理想的意大利面，简洁、口味丰富，无论是番茄酱，还是另外任何方面，都无懈可击。

上第三道菜的时候，他告诉我："这是干挂面配五香牛肉汁、辣椒和生姜。"干挂面嚼起来还有点脆脆的，保持着完整的结构，酱料油润丰厚，夹杂着零星的生姜和八角碎末。这是一道"私房菜"，他告诉我，好几代人传下来的——但是当我低下头看我筷子上夹着的食物，我看到了西班牙细面。我是在马德里求学的时候认识这种面条的。

第四道菜——四个棕色纸片包起来的小包裹，叠得很精巧——我一下子喊出了"纸包鸡"。"法国人是这么叫的，不是吗？"他用完美的英语说道。脸上挂着灿烂的笑容。打开包裹：一个里面包着蘑菇——共有六个美丽的不同种类的蘑菇；另一个，里面是精致的最小的鱼类的鱼排；另外，包裹的外皮竟然是可以吃的！每一个都散发着奇异的香气，在我的嘴里慢慢融化。

别的亮点：

- 漆树香橙烤鸭——这只烤鸭烤得真是完美，外面的脆皮是深棕色的，肉质柔软多汁，透着柑橘的香味。香橙酱汁呈淡橘色，透明的，无与伦比。

- 烹饪后在某种汁水里"浸泡"过的鸡肉，旁边配了米饭。

- 砂锅中烹饪的番茄，加了发酵过的蚕豆和一种类似奶油酱的柔滑酱料，我猜可能是豆腐。

太多美食，快把我撑死了。然而这还只是第一套菜。无法想象他是怎样一个人完成这些菜的。另外我想我还看到他端着盘子急匆匆地冲下楼梯，难道是去服务楼下"餐厅"里的顾客？说到这点，以我见多识广的经历、公平挑剔的眼光来看，楼下的这家餐厅（你们爱叫什么就叫什么吧）绝对是世界上最卓越的餐厅，没有之一。你们的读者可以在之后感谢我。

休息了片刻。我向他表示感谢，这时候，我才发现我大错特错了。他告诉我，刚才那些菜只是他的家族创造的众多菜式中的一小部分——"我的一小段历史"，他对我说，他觉得我必须在他为我烹饪他自己创造的菜之前知道这一点。

我表达了我的惊讶，以及我担心我已经一口都吃不下了。他走进厨房，又带回了一个黑色的小茶壶和茶杯。他说这是一种很特别的茶，能让我胃口大开。（不是大麻，如果你有所怀疑。）我随即呷了一口。我的身体不仅觉得饥饿，还感觉非常健康。我立马变得精神抖擞。就像在，飘浮。

我简直欣喜若狂，真的。准备好再次大吃一顿。

这顿饭的第二部分更像是在马西莫的餐厅里，或者（根据我读到的）诺玛餐厅里。开场菜就跟我吃过的所有美味的菜一样精彩。我现在发觉，每一道菜都像是对一道经典"欧式菜"展开的游戏。

米纸包生姜小葱酱。

砂锅土豆拌豆腐蛋黄酱的迷你版本（所有东西都是可以用的，包括那只砂锅）。

米纸意大利方饺、椰汁焖生蚝鸡肉、棕榈心、藏红花鸡汁。

有趣的小包，或者卷饼，我猜，找不到更好的词了。他说，生脆的外皮是从中国很流行的米饼得到的灵感。馅料几近疯狂——鹅肉泥，质地超凡脱俗。

用果冻状的材料做成的一朵玫瑰，味道像荔枝。

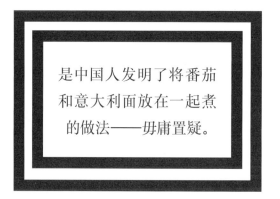

是中国人发明了将番茄和意大利面放在一起煮的做法——毋庸置疑。

我记不清了。我吃了意大利面、肉、大米、一整只鸟、甜品。如此纯粹、如此完美、如此精致。我感觉有一层薄雾在我眼前飘过，我并没有筋疲力尽。如果要说的话，我变得超级敏感。但是我对我的纸笔完全失去了兴趣——我只想全心全意地享受他的食物。

发件人：希德·芬奇 <msfinch@leipzigger.de>
时间：2012 年 8 月 15 日早上 05:30:09
收件人：彼得·米汉；应德刚
主题：今晚的补充

抱歉，我睡了一会儿。

我在思考他的名字"运耶稣"。看起来他确实可以成为新领域的第一人。

晚饭结束后，我们开始了谈话。

我上面提到了，今晚一半的菜式来自运耶稣的家族。但是"他的家族"并不真正属于他。相反，他属于那个家族。

运耶稣是一个被收养的孤儿。不过不是以孩子的身份收养，而是被当作学徒或者是仆人。他服务的这家人掌控了几座大山间的三角地带。近千年来，除了那户人家、仆人和少数客人，从来没有人见到过这个三角地带的真面目。他在厨房里当学徒，地位低下，远远比不上在"图书馆"里帮工——这个"图书馆"类似于一个"城堡"，里面收藏了全世界的烹饪知识，年代久远到无法想象。

他看到过法老的餐具。他看到了一整个房间的玛雅古文物，它们早在哥伦布发现新大陆之前几个世纪就传到了中国。

是中国人发明了将番茄和意大利面放在一起煮的做法——毋庸置疑。此外，云南的奶酪制作传统是从运的家族流传出去的。运说，他们完善了奶酪发酵成熟的制作工艺，在成吉思汗统治时期，将这种方法卖给了艾米利亚－罗马涅大区的意大利银行家。他们就像是饮食界的圣殿骑士团。运的收养家庭是大量饮食文化遗产的保存者，这些遗产已经完全被西方世界所遗忘。他们紧紧地守护着自己的秘密，不留下任何参与其中的蛛丝马迹，出了大理，就再也没有任何线索能追溯到他们的大本营。

我知道你们在想什么。为什么他把自己的故事告诉了我？为什么他让一个随机冒出来追踪陶瓷碎片的记者触碰了近千年的秘密。如果那个堡垒真的那么机密，他为什么出来了，跟大家分享他的厨艺？

于是我这么问他了。他回答说，一个西方人专门到中国来找他预示着"我的逃亡快要结束了"。

逃亡？

那时候他还很年轻——11岁或12岁的样子，带着孩子的傻气，经常在鲤鱼池边玩。这家人养了一种鱼，他的发音接近"科博鲤鱼"——他对此嘲笑了一番——这种鱼长得像恐怖的野兽，过度喂养，经过配种后拥有巨大的柔软的下颌；每年冬天，他们都会杀一条科博鲤鱼来庆祝一场鱼头宴。有个人专门看管池塘，他简直像一只鸬鹚，光手就能从池里抓起鱼来。于是那一次，运和另一个男孩打了个赌，看看谁能光手抓到鱼。

他们知道"鸬鹚"的工作时间，于是某天，他们吃完早餐，趁"鸬鹚"回来前冲向了池塘，运的朋友先到了那儿，很快，出人意料地，他竟然抓到了一条鱼，并将它高举过头顶。他兴奋地高呼着庆祝自己的胜利，那条鱼在他手中挣扎扭动，大口喘气，然后——讲到这里，运停顿了几秒——正当运高兴地为他欢呼鼓掌的时候，那个池塘看管人出现在了男孩背后，他一把割开了男孩的喉咙。

那个男人将鱼放回池塘，抚摸它的脸颊，还对它喃喃细语。然后他勾了一下手指，把运叫过去。

"它就是这么来的。"运一边说着，一边指了指他脸上的疤。

之后，他就被派去做最低级的活了——打扫厕所和马

厩，类似这样的——于是他逃了出来。在黑夜的遮掩下，他成功逃脱，之后的20年，他一路流亡，周游世界，寻找训练和学习的机会，寻找一个属于自己的家。

但是，在他看来，欧洲已经丧失了令人振奋的烹饪技艺和新的想法，美国就更糟糕了。他把自己的生命全部献给了对烹饪的追求——他只会做这个。如果没有新的灵感，他的人生便会失去方向。他告诉我，明天他就要回到他的城堡中去了，请求他们再次收留他。

他提出让我跟他一起前往。

他提醒我这些人生活在社会、法律之外，因此我必须考虑到其中的风险。但是这个秘密对我来说是天大的诱惑，我怎么会让它溜走？我说我会去的，我是认真的。他把我送回家，告诉我明天日出前他会来接我。我猜我们将走很长一段山路。

我不知道我到底卷进了怎么样的事件中，但是我们真的发现了一个巨大的秘密。我知道我们还有一千个问题想问，我很肯定大卫也是这么想的。我会尽我所能获得更多信息。有任何问题请告诉我。

希德

发件人：希德·芬奇 <msfinch@leipzigger.de>
时间：2012 年 8 月 15 日早上 05:42:29
收件人：彼得·米汉；应德刚
（无主题）

摔！我差点儿忘记了。你们能派一个摄影师过来跟我碰面吗？如果运耶稣说的是真的，我们必须把它记录下来。

我想我们做到了，朋友们。我们所知道的所有欧洲菜其实都来自中国。稍后再谈。

不知道他们神奇的山上有没有 Wi-Fi。◆

温尼
酒吧行乐记

文：罗茜·沙普

我头晕目眩地坐在温尼酒吧的红色人造革沙发上，对面坐着吴丽莎。她是我的好朋友，也是土生土长的唐人街人。今天是周日，现在时候还早，可这个唐人街买醉根据地里空荡荡的。卡座区里只有我和丽莎，吧台那边除了酒保玲玲之外，还有几个在喝啤酒的男人。我来温尼，往往是为了喝上一杯，再唱几句卡拉OK。今夜的温尼之行却并非像往常一样轻松。

我今晚来，是为了向丽莎学中国酒令的。丽莎自称是酒令女王（不过她已经好几年没玩过这个了）。前两天，我给丽莎发邮件说自己想学点经典的酒令，她就热情满满地提出教我这个。透过冷冰冰的电子邮件，我都能想象到丽莎渴望掷骰子的迫切心情。毕竟，丽莎已经太久没泡过吧了。

刚到温尼酒吧，丽莎就察觉到了我的不安。她跑到吧台，用粤语问玲玲拿大话骰游戏的工具。玲玲从吧台后面掏出了两只硬塑料杯子和十粒骰子。丽莎拿起这些东西，回到卡座，一把将它们甩在了台面上。

大部分人认为大话骰是最有名的中国酒令。这种游戏与南美的海盗骰子游戏非常相似。据说，西班牙征服者弗朗西斯科·皮萨罗把海盗骰子从秘鲁带回了西班牙。出生在香港的剑桥大学历史学家里昂·罗恰认为，西方水手在19世纪把大话骰传到了香港、上海和澳门。不过，这个游戏是在近20年才成为流行事物。

丽莎先教了我最简单的玩法。每个玩家都会分到一个装着5粒骰子的杯子，然后用力摇晃杯子，并将杯子倒置在台面上，接着在让对手看不到的情况下，看清自己骰子的点数。此时，由预先决定的一方率先叫点（由扔硬币或扔骰子决定）。叫的点数包括骰子的点数和数量。例如，"4个5"指的是所有玩家的骰子加起来至少有4个5点。点数为1的骰子可以充当任意点数。

第一个玩家叫点之后，游戏按顺时针方向继续。每个玩家都有两种选择，一是加点（可以选择加点数，也可以选择加数量，也可以两者都加，例如"4个5"可加成"5个5""3个6"或是"8个2"），二是选择开。如果他选了开，那所有玩家都要把杯子拿开，露出所有骰子。如果点数、数量正确，那叫点者获胜；反之，则为叫开者获胜。输的人得罚酒。这是经典的唬骗游戏。除了手气之外，心理素质和胆量也很重要。

丽莎接下来教我的是猜枚。"猜枚的时候你得用喊的。"丽莎提醒我说。猜枚也有很多玩法，丽莎教的又是最简单的。猜枚和石头剪刀布有点像，所有玩家要同时用双手比出数字的形状。握拳指的是"0"，五指并伸指的是"5"，两只手都伸出五指指的是"10"。玩家轮流喊出一个数字（0或5的倍数，具体可以大到几倍由玩家的人数决定），直到所有玩家比出的数字之和正好是所喊出的数字为止。负者罚酒。猜枚的时候，所有玩家都会声嘶力竭地叫出他们想喊的数字。（我在中国的一些地方见识过猜枚。据说，由于猜枚时噪音太大，有的地方已经禁停了这种游戏。）我被猜枚搞得头昏脑涨。我该看着丽莎的手还是她的脸？"我在操纵你呢。"丽莎笑得很坏。猜枚也是个唬骗游戏，不过你还得注意喊数字时的节奏。这游戏是玩家越多越好玩。

罗恰认为，"猜枚"这个名字源自一个更为古老的游戏。那个游戏很像大话骰，每个玩家手里都攥着几粒西瓜子，然后他们轮流猜总的西瓜子数量。如果猜错的话，那你就得罚酒。

我的朋友丹是个生活在北京的美国音乐家。当我向他询问中国酒令的事时，他提到了嘴传纸片游戏。他写道："我不知道这个游戏的具体名字，游戏开始时，一个玩家把一张餐巾纸或纸片咬在嘴里。他身边的玩家必须依次用嘴接过这张纸。"不难想象，到最后这张纸会坏得不成样子，如果有人没接稳，那他就得罚酒。丹对我说："这游戏很调情。"的确没错。

在我关于中国酒令的调查中，美食作家格蕾丝·扬（《炒到天荒地老》的作者）向我介绍了她的舅舅方孙耀。方先生是一位居住在加州的退休教授，他在成年后才从中国移民到美国。为此，他专门给格蕾丝写了几封非常详尽的邮件，用来介绍一种叫划拳的中国酒令。格蕾丝将这些邮件转发给了我。每封邮件开头，方先生都会写上一句"恐怕我帮不上什么忙"，可它们却为我提供了关于划拳的详尽信息。

"每个玩家伸出一只手，并用手指比出0到5之间的一个数字，同时大喊一个代表0到10之间数字的词汇。如果这个数字正好与两人所比数字之和相同，那喊数的人就是赢家。负者罚酒。"代表0到10之间数字的词汇如下：

0：宝一对。

1：一心敬。

2：哥俩好。

3：三星高照。

4：四季发财。

5：五魁首。

6：六顺。

7：七巧。

8：八仙过海。

9：久长。

10：十全十美。

方先生写道："这些酒令的真正意义并不在于输赢。它们的主要作用是打开宾客的心扉。"当然这些酒令并非没有缺点。他补充说："幸好，中国人喝的是米酒，而不是高度的威士忌。"

我很难想象自己醉醺醺地用英语喊出**"每年第七个月的第七天，神会让牛郎和织女在天上相会"**的样子。不过，至少我尝试过了，我想早晚有一天我会因此得益。

一直以来，我在唬人方面都很差，我根本就不会装什么扑克脸。不过在温尼酒吧，我却反复在大话骰上获胜。我只能把这归功为新手的运气。虽然我并没有喝高（讽刺的是，大多数酒令都是输家喝酒），可连续得胜却让我觉得晕乎乎的。

我和丽莎连玩了五个多小时，就在我们快要结束的时候，温尼本人来到了我们面前。她还是像往常一样的时髦光鲜。在她坐下之后，我们和她说了说我们在玩什么。她强调说，输的人应该负责买酒。接着她去了后厨，为我们拿了一盘炖排骨，我们正好饿得不行。

回到家之后，我躺在床上一闭上眼，眼前就全是各种各样的骰子。其中有普通骰子，有花哨的骰子，有在旋转的骰子，有好几粒摆在一起的骰子，有在一起打转的骰子。那晚，我肯定梦到了大话骰。◆

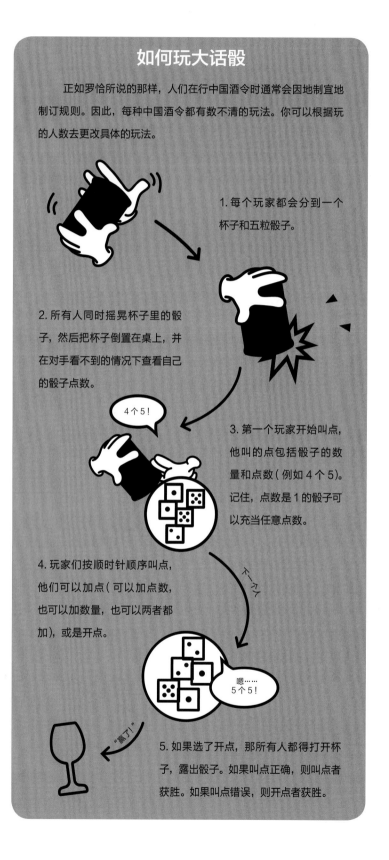

如何玩大话骰

正如罗恰所说的那样，人们在行中国酒令时通常会因地制宜地制订规则。因此，每种中国酒令都有数不清的玩法。你可以根据玩的人数去更改具体的玩法。

1.每个玩家都会分到一个杯子和五粒骰子。

2.所有人同时摇晃杯子里的骰子，然后把杯子倒置在桌上，并在对手看不到的情况下查看自己的骰子点数。

4个5！

3.第一个玩家开始叫点，他叫的点包括骰子的数量和点数（例如4个5）。记住，点数是1的骰子可以充当任意点数。

4.玩家们按顺时针顺序叫点，他们可以加点（可以加点数，也可以加数量，也可以两者都加），或是开点。

嗯……5个5！

"赢了！"

5.如果选了开点，那所有人都得打开杯子，露出骰子。如果叫点正确，则叫点者获胜。如果叫点错误，则开点者获胜。

中式融合料理

纵观欧洲历史，厨师们一直致力于吸收外来美食。例如几个世纪以来，西西里菜、西班牙南部菜和伊斯坦布尔菜就深受外来探险家、征服者和商人的影响。不过对中餐来说，情况却有所不同。

就算是中国族裔众多的国家，也往往只有当地菜和中国菜这两种菜系。然而，当地菜和中国菜擦出火花之后，就能产生意想不到的美妙结果。这方面的经典例证是日本的拉面和韩国的炸酱面（洛杉矶韩式料理之王兼诗人大厨罗伊·崔为我们提供了这道菜的菜谱）。我把此类既受到中餐影响又保留了本土菜系特色的菜叫作"中式融合料理"。

我们已经听厌了本刊执行编辑蕾切尔·孔关于她妈厨艺的吹嘘，我们让她提供几份菜谱，好让我们了解中餐对马来西亚菜的影响。她提供了三份菜谱：海南鸡饭、酿豆腐和炒粿条。美食作家丁科尼斯·奥康纳也提供了一份家传菜谱：中式牙买加菜——肋排方便面。美食作家内奥米·杜吉德为我们分享了爆炒大白菜。这道菜来自一本新的菜谱，反映了中餐和缅甸菜之间的融合。

——彼得·米汉

宫保面条

中韩融合菜 ｜ 4人份

腌制、烤制鸡肉 → 制作宫保酱 → 准备佐料 → 用旺火煸 → 装盘

韩国人之间流传着这样一个笑话。每当我们跑到一家韩国料理店点菜时，我们都会说："我要点这个；我要点那个。"可到头来，我们最后点的却总是炸酱面、糖水肉、干烹虾、麻婆豆腐和海鲜面。这些菜都源自中国。

韩式炸酱面是中国炸酱面的平民版本，里面放了许多黑乎乎的酱料。我觉得中国人肯定不会承认韩式炸酱面和他们的炸酱面之间有什么联系。最好的炸酱面必须用手工面制作，再往里面加入由西葫芦丁、嫩猪肉丁和洋葱调成的酱料。炸酱面上面还放有黄瓜丝、泡菜、醋泡生洋葱和黑豆酱。这里用的泡菜是中式泡菜，它比韩式泡菜更脆、更辣。（韩式泡菜的辣是回味型的。而中式泡菜的辣味则更直接。）有时炸酱面还会配上腌萝卜一起吃。

选择去哪吃炸酱面的关键因素是价格。你想吃炸酱面的时候，可不会想着"我要找家最好吃的炸酱面馆，也许我该去地铁口那家夫妻店"。我们从来不谈论炸酱面的味道，因为所有炸酱面的味道都差不多。我们从没见过连炸酱面都做不好的餐馆。所以，哪家的炸酱面更实惠成了食客最计较的事。这就是真正的亚洲文化。

说起面条，我突然又想到了一件事，那就是我喜欢软趴趴的面条，讨厌硬邦邦的面条。提到这些吃的，我又必须承认，我深深地爱着宫保鸡丁这道菜。

所以我今天要说的菜是宫保面条。这道菜融合了我最钟爱的两种食物——充满了平民气质的炸酱面和刚出锅的宫保鸡丁。为这两种食物变上点花样，就成了宫保面条。

对我来说，做饭是我人生经验的一种表达方式。以前，我不会带着这样的心态去做饭。就像我喜欢韩式烤肉玉米薄饼卷一样。经典墨西哥玉米薄饼卷很不错，可却没法和韩式烤肉玉米薄饼卷比。宫保鸡丁和炸酱面都有各自的历史和渊源。把它们融合在一起，就创造出了一种全新的东西。我每天都在创造着新的事物。啊，我都快要开始说唱了。

——罗伊·崔

食材&器具

1 磅	新鲜韩式面条
1 个	白洋葱切成薄片
½ 杯	香茅草剁碎
1 杯	碎葱
1 个	甜椒切片
1 杯	白菜、菠菜（或豆瓣菜）切成半英寸宽
1 杯	茄子切成小条状
1 杯	番茄切块
1 杯	干迪阿波辣椒
+	植物油少许
+	煎蛋
+	水少许
+	香菜少许
+	少许腌泰国罗勒切片
+	青葱少许
+	芝麻少许
+	烤花生少许
+	少许新鲜弗雷斯诺辣椒切丝

腌制鸡腿

¼ 杯	酱油
1 汤勺	甜米酒
1 汤勺	米醋
½ 茶匙	麻油
1 汤勺	橙汁
2 个	干迪阿波辣椒
2 瓣	大蒜
2 根	大葱切块
½ 英寸	生姜剥皮剁碎
1 个	墨西哥胡椒剁碎
⅓ 个	洋葱切成 4 块
½ 汤勺	犹太盐
4 个	去骨去皮鸡腿

宫保酱

1 个	大蒜头
⅓ 杯	蒜蓉辣酱（或参巴酱）
2 汤勺	辣椒油
⅓ 杯	鱼露
⅓ 杯	蚝油
⅓ 杯	米醋
⅓ 杯	酱油
2 汤勺	是拉差辣椒酱
⅓ 杯	香茅草剁碎
⅓ 杯	韩式辣椒片
⅔ 杯	泰国罗勒末
2 茶匙	糖
1 茶匙	烤芝麻
1 个	柠檬挤汁

1 把除鸡腿之外所有用来做腌制鸡腿的原料全部倒进料理机搅拌。

2 把搅拌后的原料抹在鸡腿上，然后把鸡腿放进密封塑料袋中，挤出空气，放入冰箱中冷藏一夜。

3 烤制鸡腿至微焦（每面 5 分钟左右）。把鸡腿切成半英寸见方的块状备用。

4 切开大蒜头，露出蒜瓣。往大蒜头中抹橄榄油，随后用铝箔包裹大蒜头。放入烤箱以 200 摄氏度的温度烤制半小时左右。然后挤掉上面的黏液。

5 将宫保酱原料和大蒜头搅拌均匀。在我的餐馆里，大部分酱料都是生的。把这个酱料和面条拌在一起，你就能体会到炸酱面的味道。

6 我前面提到的宫保酱原料能够制作 1 夸脱的宫保酱。事实上，做这道菜不需要这么多酱。你可以用多余的酱来炒白菜、茄子、豆腐、蘑菇等原料。你也可以用它来蘸炒饭或是烤肉。

7 在开始用旺火煸炒之前，请牢记：你得像一个炒菜师傅那样行动。你必须提前在锅边准备好所有需要用到的原料。

8 焯面条：用大壶烧开水，再往里面倒上盐，然后把面条扔进去焯几秒钟。接着把面条捞出来放入冰水中。等面条冷却后，把它们捞出来沥干。再把它们平均装到 4 个盘里备用。

9 分批烧制浇头。往锅里放少许油，高温加热。等油微微冒烟时，将洋葱、香茅草、大葱等香料丢入锅中，炒至洋葱变软，香茅草香气散出。我很喜欢香茅草的味道，它是独一无二的香料。

10 然后，往锅中放入适量蔬菜（圆

椒、白菜、茄子、番茄、辣椒）。炒至
圆椒、茄子变软。

后收汁。再倒入面条炒制。随后将其
倒入盘中。

菜、青葱、芝麻、花生和弗雷斯诺辣
椒。这菜看起来就像是大学食堂里
的菜。◆

11 倒入 $1/2$ 杯宫保酱和 $1/4$ 杯水。随

12 在面条上放一个煎蛋。再撒上香

肋排方便面

中牙融合菜 | 4 人份

腌制肋排 → 炖肋排 → 煎肋排 → 做蜜汁 → 煮面、装盘

"**你**这不要脸的玩意，"她叫道，"别以为我什么都不知道! 你会遭报应的!"

那是牙买加的一个大热天，我正站在表弟家的门口。突然，一个肉桂肤色的小个子女人冲进院子，一边哭一边叫骂。她之所以会怒火中烧，是因为她发现自己的男朋友勾搭上了别的女人。

我表弟是个地地道道的花花公子，他偷情的事情被抓了个现行。他趾高气扬地倚在门口，用手捋了捋自己蓬松的头发，和他偷情的女人从后门溜了出去。愤怒的华裔女友用手指着他的头，不停地叫骂着。我在美国认识的华裔女性都温文尔雅，可她的举止真是让我吃了一惊。

经过一番搜寻，我发现中国人和牙买加人交往的历史源远流长。早在1854 年 7 月 30 日，就有 310 名中国劳工从香港出发前往牙买加。最终，他们中的 267 人抵达了目的地。英国政府机构招募这些劳工是为了缓解废奴运动所带来的种植园劳动力紧缺问题。在他们的合同结束之后，一部分劳工留在了牙买加定居。他们大多经营杂货铺等小本生意。

中国文化和牙买加文化截然不同，中式牙买加菜体现了这两大文化之间的交融。中式牙买加菜的特色一是精致，二是重视香料的使用。莎伦·王－霍利斯是佛罗里达一家中式牙买加餐厅的老板。她告诉我们说，现在牙买加人常吃的生姜、八角、大葱和芹菜都是从中国传过来的。莎伦提到，她父亲会用青柠叶、酸甜猪脚、碎面、咸菜和猪肉来烧牛肉。

我妈是一位来自曼彻斯特教区小村庄的老派烧肉达人。我将为大家分享她的肋排方便面菜谱。这道菜要把五香粉（由中国传入牙买加）融入牙买加海盗沙拉里。里面还有风行全球的方便面。

—— 丁科尼斯·奥康纳

食材&器具

4 根	牛肋骨去掉多余脂肪
3 汤勺	莫顿自然调味粉（一种混合了盐、黑胡椒、大蒜粉、洋葱粉、糖、欧芹和芹菜籽的调料）

2 汤勺	酱油
2 个	中型洋葱切碎
4 瓣	大蒜切碎
10 根	新鲜百里香
1/2 盎司	虾干
6 汤勺	植物油

1 茶匙	五香粉
3 汤勺	牙买加调味酱
5 根	大葱去根切碎
1/2 杯	蜂蜜
半根	苏格兰帽椒，去籽，剁碎
2 瓣	大蒜
4 包	方便面

1 把莫顿自然调味粉、酱油、洋葱、大蒜和百里香抹在肋排上。把它们放入冰袋或是砂锅中，放入冰箱冷藏4到24个小时。

2 用热水泡发虾干半小时以上。

3 **将烤炉加热到180摄氏度**。将肋排从酱汁中取出（留下酱汁备用）。用大口锅将1汤勺油加热至中高温，然后用吸水纸吸干肋排上的水分。将肋排放入锅中，煎8到10分钟。加入酱汁和足量的水，浸泡到肋排2/3处。将锅放入烤箱，烤制半小时。

4 **将肋排放入盘中**，并保留酱汁。等肋排冷却后，将它们拍干，并撒上五香粉和牙买加调味酱。

5 **在盖有铝箔的盘子上洒上2汤勺油，**然后放入肋排和大葱。再洒2汤勺油。把肋排放入烤炉，并把炉温降至150摄氏度。烤制约30分钟，直到肋排微焦，大葱变黄。

6 **在烤制肋排时，**将蜂蜜、苏格兰帽椒、蒜瓣放入碗中搅拌。然后将酱汁烧熟。

7 **用热水将方便面煮熟**。（留下调料包以用作蘸料。）沥干方便面，淋上剩余的油和虾干。随后先将方便面装盘，再放上肋排和蜜汁。◆

爆炒大白菜

中缅融合菜 | 4人份

制作葱油（可选） → 大白菜切好备用 → 调酱 → 炒制香料 → 炒制大白菜、装盘

缅甸与周边国家有漫长的交往史，因此，缅甸美食包罗万象。这里最常用的酱料是用姜黄根粉油炒制咖喱和青葱丝后得到的。这种酱料源自南亚次大陆的孟加拉国。中餐对缅甸美食的影响也很大，许多缅甸菜都用了爆炒这一做法。

缅甸与中国云南有极长的边境。不过，中国餐饮对缅甸菜的影响并不局限于云南菜。历史上的缅甸富足开放，吸引了大批华商来此投资贸易。

和其他东南亚国家一样，缅甸人也经常吃米粉（缅甸的国民食物鱼板面就是用米粉做的），米粉就源自中国。缅甸北方的克钦地区与云南接壤，如今，当地居民经常使用酱油来调味。我还发现，缅甸人现在也会用八角来烧肉。

我曾在若开邦的妙乌住过一段时间。妙乌遗迹众多，风景宜人。一个来自海滨城市实兑的大厨和我住在一起。这道爆炒大白菜就来自她的菜谱。这道菜既受了中餐的影响，又深深扎根于缅甸本土美食传统（里面有姜黄根粉和干辣椒）。这是一道脆爽、温暖的配菜。

——内奥米·杜吉德

食材&器具

³/₄ 磅	大白菜（鲜嫩为佳）
1 汤勺	蚝油
2 汤勺	花生油（或葱油）
¹/₈ 茶匙	姜黄根粉
2 个	干辣椒
1 根	大葱切碎
1 茶匙	碎姜
¹/₄ 茶匙	盐
+	少许水

葱油（可选）

1 杯	花生油
2 杯	葱切碎

1 将一个大浅底碗放在炉子边。

2 先将大白菜切成 ¹/₄ 英寸左右宽的块状，再切成适宜入口的大小。最后切好的大白菜大约有 4 杯。用冷水洗净沥干后备用。

3 在小碗中放入半杯热水和蚝油，搅拌均匀。

4 用大火加热中大型锅。往锅中加入油，把火调至中高。依次倒入姜黄根粉、辣椒、葱、生姜。翻炒 30 秒，直至葱变软。

5 调至大火，放入大白菜和盐，翻炒 2 到 3 分钟，直至大白菜变软。加入

蚝油酱。翻炒 15 秒后将锅中的菜装入浅底大盘。趁热上菜。

葱油（可选）

制作葱油时能得到两种原材料：大约 1¹/₄ 杯煎过的香葱和 ³/₄ 杯可口的葱油。葱油非常美味：把它浇在沙拉、刚出锅的蔬菜或是汤里，就会让它们口感大增。煎香葱的秘诀是慢慢翻炒，这样香葱的汁水才会全部流出，变得金黄。

1 往大平底锅里放油，用中高火加热。加入 1 根切好的葱。等油温升高后，葱会浮至表面，"滋滋"作响。此时，加入剩余的葱（当心不要被油烫伤），并调至中火。葱可能会搅在一起，不过不用担心，过一会儿它们就会缩水分开。用长柄木勺慢慢翻炒。葱在缩水时会冒泡。如果葱过早地变黄（5分钟以内），那就把火调小一些。大约翻炒 10 分钟之后，葱开始变成金黄色。继续翻炒 3 分钟，以免葱粘锅并使其完全变为金黄色。

2 取一个盘子放上厨房纸巾。用夹子取出一根葱，缓缓甩掉上面的油，放在厨房纸巾之上。关火，将剩余的葱全部取出。再用一张厨房

纸巾擦干这些葱。分开粘在一起的葱，并让它们自然冷却 5 到 10 分钟，直至它们变脆。

3 将葱放入干燥的敞口玻璃罐中。等它们完全冷却后，密封住这个罐子。将锅里的油倒入另一个玻璃罐中，注意，请把剩余的葱渣留在锅里。等油冷却后，密封罐子，并储存在避光阴凉处。◆

海南鸡饭

中马融合菜（第一道）| 4人份

| 炖鸡 | → | 烧饭 | → | 做汤 | → | 切鸡 | → | 装盘 |

马来西亚的国土面积和新墨西哥州差不多，它的形状就像是发怒时的眉毛，其东部与中南半岛的泰国、越南相邻，其西北部则是囊括了印尼、菲律宾、新加坡和文莱在内的马来群岛的一部分。马来西亚人并非马来人：它包括印度人、华人、土著人等民族。马来西亚是一个民族大熔炉，葡萄牙、荷兰和英国殖民者为这里的民族融合进程做出过贡献。

马来西亚全国人口中有四分之一为华人。华人移民成批成批地来到这里。最早的华人移民是1500年前后搬来的福建人。18、19世纪时的马来西亚是英国殖民地，华南地区大批华人来到马来西亚的锡矿做苦力（同时也有大批印度人来到马来西亚的橡胶园干活）。这批人中最先到马来西亚的是潮州人，然后是客家人，接着是广东人。最后来到马来西亚的是海南人。

这些群体都带来了独特的烹调方式。总的来说，中国人将酱油、麻油、豆腐、面条、爆炒和对猪肉的喜爱（当然，这东西不受马来西亚穆斯林的欢迎）带到了这里。马来西亚人喜爱的咖喱、罗望子、小辣椒和峇拉煎融入到了中餐之中，产生了全新的菜系。中马融合菜经常使用辣椒。中马融合菜比起传统的中餐更甜、更酸、更辣、更香。对马来西亚人来说，中马融合菜更入味。

海南是中国的夏威夷。它是中国最南方、面积最小的省份。海南的气候和马来西亚很相似。海南人从19世纪末开始才来到马来西亚。许多海南移民都成了英国家庭或英国军队的厨师。因此，海马融合菜的融合程度非常高：你会看到人们把鸡肉、温泉蛋、吐司、椰子酱和炼乳咖啡放在一起吃。

在东南亚，只要有华侨的地方，就有海南鸡饭。制作海南鸡饭的基本方式都是一致的：先炖鸡，再用鸡汤烧饭。在越南，这道菜叫作Com Ga Hai Nam；在泰国，它叫作Khao Man Kai；在柬埔寨，它叫作Bai Mon。越南人吃海南鸡饭的时候会往里面放鱼露和青柠叶，泰国人则会放冬瓜，柬埔寨人则会放炒蒜片。马来西亚人在烧饭的时候会往里面放班兰叶和香茅草，用餐时还会配上口感酸甜，并带有青柠汁香味的辣椒酱。

和大多数马来西亚菜一样，海南鸡饭的样子很朴素：带着鸡肉香的香米、炖嫩的鸡肉、一碗汤、几片黄瓜和一小碟辣椒酱。不过，班兰叶和香茅草对制作海南鸡饭格外重要。班兰是一种热带植物，它的叶子和大大的草叶很像，尝起来有点像香草。马来西亚人经常用它来调制椰子酱，这种酱汁是马来西亚人最喜欢的早餐酱。班兰能增加香米的香味和甜度（科学研究已经证实了这点：班兰叶和香米有相同的香味分子结构——2-Acetyl-1-pyrroline，这种物质使它们产生了独特的甜香味）。香茅草则起到了解腻清口的作用。

制作海南鸡饭的原料很重要。香米必须香气宜人，用的鸡最好是吃花生和椰子长大的走地鸡。买来的鸡最好带头和爪子：你可以把头和爪子切下来丢进锅里一起炖。千万不要被它们的样子吓坏，它们炖出来的汤十分美味。

——蕾切尔·孔

食材&器具

1 只	4 磅左右的鸡
1 英寸	去皮生姜剁碎
2 瓣	大蒜剁碎
4 根	大葱
2 杯	香米
2 根	葱
4 瓣	大蒜
1 英寸	生姜去皮
2 英寸	香茅草
2 片	班兰叶打结
2 汤勺	酱油
1 汤勺	麻油
+	白胡椒少许
+	犹太盐少许
+	香菜少许
+	水少许
+	一根牙签

汤的原料

2 瓣	大蒜剁碎
1 英寸	生姜去皮切丝
+	糖少许
+	犹太盐少许

辣椒酱的原料

1 根	葱切段
1 英寸	生姜去皮切丝
2 茶匙	红辣椒剁碎
2 瓣	大蒜剁碎
1 茶匙	青柠汁
2 茶匙	鸡脂
+	犹太盐少许
+	糖少许

1 **刮下鸡腹腔内所有脂肪**备用。

2 **用大锅烧开 3 到 4 夸脱淡盐水**（能够淹没整只鸡）。用白胡椒和 1 汤勺盐抹遍鸡身内外。大葱切段，和生姜、大蒜一起塞进鸡中。用牙签扎住鸡身的开口。

水烧开后，放入鸡（鸡胸朝上），煮 10 分钟后关火。盖着锅盖让其自然冷却 45 分钟。

3 **将鸡取出**立刻丢入冰水中（留下鸡汤备用）冷却 10 分钟，随后取出鸡沥干。此时的鸡看起来和橡皮鸡差不多。

4 **把葱、大蒜和生姜**放在一起捣碎。用刀背敲击香茅草数次。将鸡脂放入锅中，用中高火烧制。加入香茅草和葱泥，烧至微黄并冒香气。

加入香米，开小火烧制 2 分钟，搅拌米饭，使之与香料和鸡脂充分接触。加入 2.5 杯鸡汤和班兰叶，继续

烧饭。如果你用的是饭锅，那就可以把这些原料一起扔进去，按照饭锅说明书烧制。如果你用的不是饭锅，那就赶紧趁炖鸡的时候去买一只饭锅吧。等饭烧熟后，将火开小，盖上盖子焖饭 20 分钟。

然后关火，继续焖饭 10 分钟。

5 **往剩下的鸡汤**里加入 2 瓣大蒜、生姜、2 茶匙糖，煮 5 分钟。加入适量白胡椒和糖，试味。根据自己的口味加盐或加水。

6 **切鸡的时候，**我们中国人会用剁肉刀猛切几刀。不过，你也可以选择像肯德基一样把鸡肉切得纹理分明。靠近骨头的鸡肉应该保持粉红色。如果不是这样的话，那说明你炖过头了。别担心，这也没什么特别大的关系。

7 **装盘上菜：**先把饭装进盘子，再放入鸡肉。洒上点酱油和麻油，再撒上

第 6 步可以根据自己的喜好将鸡劈开或者仔细精致地切成块。

青柠是柚子的替换品，为辣椒酱带来特殊的**香味**。

葱花和香菜。同时配上黄瓜片和辣椒酱佐餐。鸡汤也是海南鸡饭的一部分。把鸡汤装进汤碗，放入葱和香菜搅拌后上桌。

如果还有剩余的鸡汤，请把它放入冰箱冷冻。下次做海南鸡饭的时候，可以用这些鸡汤来炖鸡。这种老汤炖出来的鸡更鲜。

辣椒酱

马来西亚青柠看起来和墨西哥青柠差不多，不过这种青柠更香。此外，这种青柠里面的果肉是橙黄色的，尝起来有点像酸李子。如果你买不到马来西亚青柠，那也可以用墨西哥青柠来替代。不过用马来西亚青柠的效果要更好。它就是新一代的日本柚子。

1 把所有配料混合在一起搅拌均匀。注意，不要搅拌过头，尽量保留辣椒的原状。加入一把盐和糖，然后试味。如果太苦，可以再放一些糖。◆

酿豆腐

中马融合菜（第二道）| 4 人份

在搬到华南地区之前，客家人一直生活在黄河流域。客家菜品种繁多，注重对原材料的充分利用。例如，客家菜常把肉塞进其他东西里，以增加肉的香味。

在搬到华南之后，客家人开发出了酿豆腐，这是因为这里没有用来包饺子的面皮。客家人来到马来西亚之后改良了酿豆腐，他们用鱼酱取代了猪肉，用热带蔬菜取代了豆腐。

马来西亚不同地区的酿豆腐各不相同。如果你去吉隆坡吃酿豆腐的话，你可能会吃到清汤酿豆腐、黑豆酱酿豆腐或陶罐酿豆腐。今天我要讲述的酿豆腐菜谱来自我的母亲。我小时候住在南加州，那时我妈经常给我们做这道菜。我会帮我妈往茄子、秋葵、甜椒、豆腐皮和苦瓜里塞鱼酱。在煎、蒸两道工序完成之后，我妈会在酿豆腐上淋上一层厚厚的玉米淀粉蚝油汁。我非常喜欢吃鱼酱，放鱼酱最多的苦瓜酿豆腐是我的最爱。可我却讨厌苦瓜本身的味道。因此，每次吃酿豆腐的时候，我都会挖掉苦瓜酿豆腐里的鱼酱，然后把空荡荡的苦瓜留给爸妈吃。

——蕾切尔·孔

食材&器具

1 罐	鱼酱（也可以是自制鱼酱）
3 瓣	大蒜切碎
1 汤勺	蚝油
2 茶匙	酱油
1/2 杯	鸡汤或水
1/2 茶匙	麻油
3/2 茶匙	米淀粉，溶解于 2 汤勺水中
+	各类蔬菜（我选用的是苦瓜、茄子和圆椒）
+	少许油

自制鱼酱原料（可选）

1 1/2 磅	鲭鱼
1 汤勺	玉米淀粉，溶解于 3 汤勺水中
1/2 茶匙	白胡椒
1/2 茶匙	盐
1 茶匙	糖
1 茶匙	鱼露

1 你可以选用各种蔬菜来塞鱼酱。当然，最好是空心的蔬菜。把苦瓜切成 0.75 英寸宽的圆环状，挖掉里面的籽。把茄子斜切成 1 英寸厚的块状。在茄子中间割一刀，鱼酱就是塞到这条缝隙里。如果是秋葵的话，那就在秋葵中间开一个口子。圆椒的做法和秋葵一样，不过要记得挖掉圆椒里面的籽。

2 把鱼酱塞进这些蔬菜里。这需要一点耐心，不过我九年级的时候就能干好这件事，所以这肯定不怎么困难。

3 在锅里倒 0.25 英寸深的油，用高火加热。将塞好鱼酱的蔬菜放入锅中（注意不要让蔬菜挤在一起），烧至各面微黄。把它们放入盖有厨房纸巾的盘子上。

4 用中火加热 1 汤勺的油，炒大蒜至出香气。加入蚝油、酱油、鸡汤和麻油。加入玉米淀粉芡汁。搅拌至浓稠。

5 把蔬菜放入做成的酱汁中蒸熟（大约 6 分钟）。确保每个蔬菜上都有酱汁。然后出锅，就着白米饭食用。

自制鱼酱原料（可选）

大多数亚洲超市能买到新鲜或冷冻的半磅装鱼酱。如果你买不到鱼酱，或是你想挑战自我，那你也可以选择自制鱼酱。

1 切掉鲭鱼的头，开腹去掉内脏，然后把它们切成鱼排。用勺子把鱼肉从鱼皮上刮下来。把鱼肉放入料理机略加搅拌（注意不要过头），然后加入其他原料，继续搅拌直至其变得较为松软。然后放入冰箱冷藏备用。◆

第 1 步：在砧板上将茄子切开，塞进馅料。

第 1 步：挖去苦瓜籽，塞进馅料。

第 1 步：在辣椒上划一刀，去籽，塞馅料。

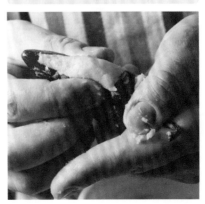

炒粿条

中马融合菜（第三道）| 2 人份

准备酱料 → 准备原料 → 烧制香料 → 加入面条和肉类 → 加蛋；装盘

如果你问一个马来西亚人全马来最美味的食物在哪里，我敢打赌说他们会把你带去一个小贩中心。小贩中心是平民化的露天美食中心，那里的印度厨师、中国厨师和马来厨师兜售着他们心目中最好的食物。当然，这里没有空调，也没有雅座，到处都是用塑料脸盆洗餐具的阿姨。不用大惊小怪，邋里邋遢恰好证明了这里的人更关心食物的质量。

每个小贩心中的经典菜都是面条。面条是由中国人传入马来西亚的。中国厨师还把炒制这种烹饪手法带到了这里。传统上，马来西亚人更喜欢做炖菜。炒粿条是小贩市场里的明星菜。19 世纪起，大批潮州人移民到了马来西亚，他们聚居于槟榔屿州和吉打州的海边。炒粿条就是他们的发明。

米饭是潮州地区的主食，潮州人用米浆做成粿条。潮州渔民捕鱼归来之后，会当街用当日的渔获来炒粿条，以取得额外的收入。炒粿条是穷人的食物。它是渔夫、矿工和农夫的最爱。用猪肉炒制一把粿条和各种肉类，就成了炒粿条。

每个小贩的炒粿条配料都各不相同，他们都有独门酱汁。不过，这些酱汁大多是带甜味的黑酱。在马来西亚，入夜之后，如果你又累又饿，那最好的食物就是用炭火和老锅炒出来的粿条。

——蕾切尔·孔

食材&器具

$3/2$ 茶匙	峇拉煎
3 个	干辣椒
1 根	葱切段
2 汤勺	老抽
1 汤勺加一茶匙	生抽
1 茶匙	鱼露
3 茶匙	糖
8 只	虾，去皮去肠
3 汤勺	猪油
3 瓣	大蒜剁碎
$3/2$ 根	腊肠，切片
3 盎司	烟熏生蚝，切丁
2 杯	绿豆芽
1 磅	粿条
2 个	鸡蛋
8 根	香葱切成 2 英寸的长条
+	糖少许
+	白胡椒少许
+	盐少许

老抽、1 汤勺生抽、鱼露和 3 茶匙糖，搅拌均匀。

3 准备好所有原料。用 1 茶匙生抽、半茶匙白胡椒、半勺糖搅拌虾。用手将粿条分开（用水可以事半功倍）。把大蒜、腊肠、豆芽、鸡蛋等原料放在锅边备用。

4 把 1 汤勺猪油放入老锅或不粘锅中，用中火加热。加入辣椒酱（入锅时它会发出"滋滋"声），然后翻炒 1 分钟至冒香。取出辣椒酱备用。

5 将剩余的 2 汤勺猪油倒入锅中，调大火。加入大蒜炒至外面变成金黄色（大约 1 分钟）。然后倒入辣椒酱翻炒。

6 加入虾和腊肠。等虾快熟的时候，加入烟熏生蚝和豆芽。

7 放入粿条和各种酱汁。用锅铲有节奏地翻炒（就像你炒了一辈子粿条一样），直至粿条吸收所有酱汁，粿条之间颜色统一。

8 在锅中留出煎鸡蛋的空间，将鸡蛋打入锅中煎至半熟。随后，将鸡蛋与粿条混在一起翻炒。

9 倒入香葱，翻炒 30 秒。装盘上菜。最好用芭蕉叶来盛炒粿条。吃粿条的时候最好坐在一条脏兮兮的巷子里，拿着一双塑料筷吃。◆

1 用小片铝箔包裹峇拉煎。用夹子将其夹住，放在火上每面各烤 30 秒。烤的时候味道会很难闻，像是头发烧焦了一样。

2 制作辣椒酱：把干辣椒放在温水中浸泡 20 分钟。沥干水后，将其与葱、峇拉煎混合捣匀。再取一个碗，放入

在第 3 步时事先将粿条分开，之后会更容易操作。

第 8 步，在锅子的边上翻炒鸡蛋，随后与粿条混合。

三个关于中国农民奋斗的故事
芦笋

19 世纪 50 年代之前，加州萨克拉门托 – 圣华金三角洲完全不适宜耕作。那里的土壤太过肥沃——本地的灯芯草在枯萎之后会变成泥煤，此外，这里到处都是沼泽。在中国劳工的辛勤开垦之下，这片沼泽成了耕地。他们修建了大量堤岸，开垦出了500000 英亩的耕地。这片肥沃的耕地非常适合种植芦笋，这里种出的芦笋又高又直。（黏重的土壤会让芦笋变弯。）

堤岸的完工标志着美国商业芦笋种植的开始。到了 20 世纪初，这一地区被称作世界芦笋之都。中国劳工在修筑完堤岸之后留在这里种植芦笋。南加州芦笋种植者萨姆·张把 1915 年到 1930 年之间的时间称作华人芦笋种植业发展的黄金时期。

在 1915 年来美国之前，萨姆从没下过地。在中国的时候，他是一名警察。不过他在加州却获得了巨大的成功。1913 年颁布的《外国人土地法》禁止华裔移民拥有土地或是租赁土地超过 3 年（这对芦笋种植来说问题很大，因为芦笋种植十分耗时；种下芦笋苗之后，要到第四年才能进行收割）。不过萨姆却借着美国裔亲戚的名头购入了土地。

萨姆在去世之后留下了一大批信件。他在信中反复抱怨芦笋种植的难处（"芦笋不好种，愿意种芦笋的农民很难招"），并表达了希望有更多中国人加入这一行业的愿望（"我真希望有更多中国人来到这里购买土地种芦笋，这样的话，这些利润就不会跑到别人的口袋里"）。他还表达了对华裔移民在美命运的悲观情绪（"中国人在这里混得越来越差了"）。

1965 年退休的时候，萨姆曾希望能回中国看看。不过当时中美关系紧张，萨姆无法实现这个愿望。等 20 世纪70 年代中美关系缓和的时候，萨姆已经老得跑不动了。他在 1988 年去世。

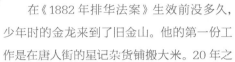

土豆

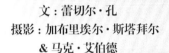

文：蕾切尔·孔
摄影：加布里埃尔·斯塔拜尔
& 马克·艾伯德

在《1882 年排华法案》生效前没多久，少年时的金龙来到了旧金山。他的第一份工作是在唐人街的星记杂货铺搬大米。20 年之后，他接手了星记，没过多久，《星期六晚报》就把他称作"斜眼亚洲农商"和"土豆大王"。

金龙在加州的斯托克顿（人称"西方土豆基地"）购买了数千英亩土地，并雇用了 500 名清一色的中国人来为他种土豆。金龙过着简朴的生活，不过他很喜欢开车从银行载着一袋袋的金币回家。他是第一个购入霍尔特卡特彼勒拖拉机的中国人。不过就在他购入 1100 英亩土地，准备扩张其土豆帝国时，加州颁布了《外国人土地法》。这项法案禁止中国人和日本人购入或长期租用土地。金龙将土豆种植基地转移到了俄勒冈，他在克拉马斯福尔斯市购入了 2000 英亩土地。在俄勒冈于 1923 年公布《外国人土地法》之前，他又在那里种了 10 年土豆。

金龙在 60 多岁的时候回到中国和妻子团圆。由于不适应美国的环境，他妻子早就回了中国。

樱桃

全世界最受欢迎的樱桃品种宾莹源自一个中国人的名字——阿宾。阿宾一直在勒韦林家族位于俄勒冈密尔沃基的果园里工作。我们不清楚培育出宾莹樱桃的到底是阿宾还是赛思·勒韦林。宾莹樱桃一炮走红。它们质地坚韧，适合长途运输。1876 年，宾莹樱桃在宾州百年纪念博览会上展出时，由于个头硕大，人们都把它当成了野苹果。

我们对阿宾所知甚少。我们只知道他来自中国北方，身材高大（1.88 米）。根据赛思·勒韦林养女的说法，阿宾"很喜欢《老黑奴》这首歌，他经常用中国人的方式反复地唱这首歌"。

阿宾于 1855 年来到俄勒冈；他一共为勒韦林家族工作了 35 年。他的主要工作是监督其他工人和照看果树。1889 年，阿宾前往中国探亲。由于《1882 年排华法案》的原因，阿宾无法回到美国。◆

SUPREME CLOUD EAR

文：内莉·赖弗勒

插图：安吉·王

云耳的故事

安德鲁想让我去见她。他又按了按门铃。冷风呼啸而过，我把帽子拉到了耳朵下面。路灯投下昏黄的光，几团纸和一个泡沫咖啡杯在地上滚来滚去。

伴随着"咔嗒"一声，安德鲁推开了门。我跟着他走进了狭窄的门厅。想要打开里面的门，你必须关掉前面那扇门，然后把身子靠在上面。

"这设计很聪明吧？"安德鲁说。

楼梯两边的墙上高低不平地刷着赭黄色的厚油漆。我知道，如果把手伸过去，那我肯定会摸到死蟑螂、口香糖和用小刀划出的名字。油漆的下面是古老的石膏层，再下面则是木板和老鼠的尸体。

安德鲁在下一个台阶处停了下来。"再上一层就到了。"

"我看起来怎么样？"我抬起头，用冰冷的手指着自己

的脸颊，迎着天花板上的荧光灯说道。

"没问题，你看起来很好。"安德鲁拍了拍我的肩膀。

"我不想让她觉得我不好看。"我说。事实上，我想要比她更出挑。

我真该穿双漂亮点的鞋子。

我们继续往上爬。

她就站在家门口。她比我想象中要矮。不过她的脸很圆、很白，这和我预料得一模一样。她并没有直视我的眼睛，只是从袖子里伸出了一只白净的小手。我往前走了一步，同时伸出了手。不过，她却抽回了手，转过身指着房间里面的方向。安德鲁熟门熟路地走了进去，就像他已经来过了几百次一样——当然，我觉得他的确来过不知道多少次了。安德鲁朝我点了点头，示意我跟上。我在踏进门的时候发现上头悬着一个监控镜头。

来到房里，我闻到了肉香。

"我刚好有点活。"她一边说，一边打开了电灯的开关。她用手在房间里指了一圈。"随便坐。"随后就自顾自地忙去了。我们听到了一阵铰链转动的声音。

我们脱掉外套，爬上了那张占据房间大部分面积的床。床软绵绵的，我倒在了垫子的中央。安德鲁坐在床边。我慢慢地朝他爬了过去，也双脚悬空地坐了起来。像往常一样，我把头靠在了安德鲁的肩上。我希望她回来的时候能看到这一幕。

"为了这个大项目，她实在是太忙了。她真的很厉害。她能抽空见我实在是太好了。"

我小声说："我们忘记带酒了。"

"有时候我会静静地坐在这里，看她做电子表格。"安德鲁感慨道。

"哎呀，我应该给她带酒的。"我低下头，看着自己的手说。凛冽的寒风让我的手变得皱巴巴的。我听安德鲁讲过好几次做电子表格的事。他经常说起她满足别人需求的能力。对此我有点不理解，这可能是因为我不知道自己到底需要什么。可我知道，安德鲁渴望一些东西，而这些东西是我所给不了的。"你和她说过我们会带酒来。我不想她觉得——"

我听到了一阵噪音，然后是一阵嘶嘶声。"是暖气。"安德鲁说。

她回到了客厅，肩膀上背着一只陈旧的帆布包，她已经把蓬松的黄头发扎在了耳朵后面。这个包看起来很沉。她说："你们想看看炖肉吗？"

我们爬下了床，跟着她来到了厨房。炉子上的大锅正不停地冒着热气。橱柜上放着两瓶红酒。安德鲁用手肘推了推我。"看。"他小声说道。

她掀开锅盖。我们注视着锅里的东西。几根大骨和几块大肉正在一锅油乎乎的汤里翻滚。汤里缓缓地冒着泡，看起来就像慢动作下的火山爆发。

安德鲁咂了咂嘴，我能听到他咽口水的声音。他所说的需求，其实就是内心对美食一样的渴望。除了我之外的

所有人似乎都喜欢美食。

"安德鲁喜欢炖肉。你呢？"我掐了掐安德鲁的胳膊。

她盖上了锅。"不好意思，突然有点事，我得出去一趟，马上就回来。"她从碗里抓了一大把钥匙，然后把钥匙别在了手镯上。

"贝弗莉——"在这里大声叫她的名字显得很怪。在我们家里，这个名字是我和安鲁德独享的秘密。"我和你一起去吧。我们忘记带酒了，真是尴尬。"

她瞥了一眼橱柜上的酒。"你不会想和我一起去的。"

我说："这是一个让我们变熟的好机会。"

风已经变小了。我跟着她从大马路上走进了一条小巷。小巷里有不少老鼠，可她却完全没把这放在心上。我得一路小跑才能跟上她。她在一个长满杂草的角落停了下来，前面是一道铁丝栅栏。

"前面有家酒水店，"她指着前方说，"我们过会儿在家里见。"

我说："我想和你一起行动。"

"你不必跟着我。"

"我想这么做。"

她叹了口气，然后蹲在人行道上，在背包里摸来摸去。

我站在她身边，低头说："你的确是个大忙人。安德鲁和我说过电子表格的事。他还和我说起过饼形图。天哪！"每次我问安德鲁贝弗莉到底是干什么的，他都会说"和真菌学有关"。"真菌学肯定不好搞。"我补充了一句。

她抬起头，皱着眉头说："是啊，真菌学。"接着继续在背包里翻找。

我抬起头四处看了看。街对面是一个四层楼的停车场。停车场里空荡荡的，只有寥寥几辆车停在里面。入口附近的煤渣花盆里长着一棵细长的常绿树。在我小时候，这种散发着汽油味的多层停车场就像游乐园一样。洗车房、商场、地下自助储物间和儿科诊所也是如此。我突然想到，要是我得了绝症的话会怎么样？要是我不能生育呢？要是我快要死了呢？最近我常常想到自己正在步向死亡，唯一会让我这么想的原因是我们每个人都早晚会死。我告诉自己，我太多愁善感了。我不够坚强，这是我的致命伤。所以我才会无时无刻不想着死亡。而贝弗莉却和我完全不同，她是个坚韧不拔的人。她的内心无比纯净。

有人敲了敲我的肩膀。我回过头，发现贝弗莉正站在我身后，她苍白的嘴唇似乎挤出了一个微笑。我也朝她笑了笑。

"你确定要和我一起去吗？"她问道，"真菌学可没那么有趣。"

我其实有点犹豫。"当然。"我说道。

她上上下下地打量了我一番。"你和我想象中很不一样。"

"你原本以为我是什么样？"

她耸了耸肩，转过身子说："你得知道，安德鲁从来没见过我做电子表格。"

她迈开了步子，继续往前走去。好多年前，我曾躺在熟睡的安德鲁身旁，看着他的肚子一起一伏。如今，我再也不能平静地躺着了，我再也不能平静地观察各种事了。

我们沿着下坡路走了好一会儿。我现在知道了贝弗莉的目的地：山脚下老城里蜿蜒的小径。在走上横亘于运河之上的人行拱桥之前，贝弗莉再次询问我是否确定要跟着她。我再次点了点头。随后我们来到了桥的另一边，那里路牌上的字就像是用油漆刷上去的一样。

就在我们经过那座著名的红色霓虹灯塔的时候，贝弗莉加快了脚步。路边全是胖墩墩的白色塑料雕像，它们微笑着迎接着来往的行人。可贝弗莉却对这些视若无睹。

我在这座城市已经生活了 17 年，不过我只来过这里一次。我刚搬来这里的时候就知道，同一片天空下有着两个不同的世界，运河两岸的街区相互隔绝。我这样的人很少跑来这边。不过，在我的心悸发作之后，发条玩具店的同事向我推荐了一位老城的医生，他还在地图上为我画出了求诊的路径。诊所开在一家发廊的二楼。诊所的架子上放满了蜥蜴标本、树根和树枝。医生把一堆线插进了我的皮肤。我感到一阵电流进入了我的身体，在两耳之间振荡。医生是个漂亮的女人，年纪和我差不多，她用自己的母语对我念叨了一大堆话。那已经是很久以前的事了。现在我唯一能记得的是那时老城的街上到处都是人。如今，这里变得很荒凉。这里的街道很窄。贝弗莉心无旁骛地快步走着。如果人行道上垃圾太多，那她就会走在马路上。从各式各样的垃圾里，我闻出了鱼、烧焦草药和氨的味道。街角有几家商店，有的合着卷闸门，有的则灯火通明。可里面却一个顾客都没有。地上的窨井盖里冒着热气，防冻剂在路灯的照射下散发着彩虹般的光泽。

贝弗莉突然停在一个路口。我跑了过去，发现我的脚下有一只动物的尸体。它的嘴很长，刚拔了毛，脚上长着蹼。

一个象形文字在我们旁边闪烁。它发出的蓝光有节奏地打在贝弗莉白净的脸上。贝弗莉用大拇指在手机的屏幕上敲击着。"贝弗莉。"我试着吸引她的注意，想让她看看我脚下的尸体。

她皱了皱眉，朝上方努了努嘴。我抬头一看，上面悬着一条绳索，绳索两头各是一个安全出口。绳索上还倒挂着几只一模一样的鸟，每只鸟的腹部都画着一个图案。从我站着的地方望上去，这个图案模糊成了淡灰色的一团。它们的脖子上还系着一个红色的蝴蝶结。

"大事不好，"她一边说，一边把手机塞回了背包，然后把嘴凑了过来，对我低声说道，"打仗了。"我能感受到她呼出的热气在我冰冷的耳道里回荡。

此时，一辆摩托车呼啸而来。贝弗莉搂住我的腰，抓着我朝后面一跳。摩托车直直地朝我们冲过来，然后在我们的面前划出了一个弧形。骑手戴着头盔；我闻到了摩托车的尾气味。骑手的手套里藏着一把刀，我看到了它反射出的光。贝弗莉挡在了我身前，我现在只能看到她的衣角。

她用一种我听不懂的语言喊了几句。等她走开的时候，那辆摩托车已经不见了。

贝弗莉扶着我。我大口吸着气，浑身直打战。

我们对视了一眼。幽蓝的灯光下，她的双眼又大又暗。

"刚才怎么回事？"我吞吞吐吐地问道。

她拍着我的脸颊说："走起来再说。"不知为什么，她的手很温暖。"我必须把这东西送到。"

"什么东西？你在说什么？"

"与真菌学有关的东西。"

"也许我该回去了。"我有种头晕目眩的感觉。

"已经太晚了，他们已经看到你了。你一个人回不去的。"

她转过身，抬头指了指上面。我顺着她手指的方向看着一个安全出口。安全出口旁开着一扇窗子，里面射出了一道圆形的灯光，照在我们的脚下。

"这是信号，该死的信号。"她愤愤地说。"罗伊叔叔回来了，他知道我会来。我最担心的就是这个：每到云耳季节的时候他都想来插一脚。"

附近的广播里传来了忽高忽低的合成音乐声和女性播音员的声音。

天空中飘起了小雪。我抬起手，想用帽子盖住耳朵，突然发现我的帽子已经不见了。我把它忘在贝弗莉家了吗？也许是刚刚在路上掉了。我完全记不清它是什么时候不见的。

我们又走了两个街区，然后在一条小巷旁的一块篷布下面停了下来。贝弗莉摸出了一支细长的褐色雪茄，盯着雪花吸了起来。我渐渐明白，在贝弗莉心里，安德鲁根本没什么地位。我为安德鲁感到悲哀。我们曾无数次地谈论过贝弗莉，安德鲁一直想要说服我同意让贝弗莉进入我们的生活。看看现在的贝弗莉，我怀疑安德鲁究竟对她了解多少。我突然想到了和安德鲁刚在一起的时候，他说过的一句话。在回他原来那间有浴缸的公寓的楼梯上，他突然停了下来，在昏暗的荧光灯下，用双手捧着我的脸说："你开心的时候眼睛美极了。"他说完这句话，本来不怎么开心的我变得非常开心。

贝弗莉吸完最后一口雪茄，把烟蒂丢在潮湿的人行道上。雪茄并没有立刻熄灭，它继续飘了好一会儿烟。她从包里掏出了一个粉饼盒，然后又从口袋里摸出了一根亮晶晶的黑管子。是口红。她涂上口红，补了补妆。她的脸变得更白、更滑了。她现在的模样和刚刚大不相同。现在的她，就像是一个满嘴秘密和毒液的白洋娃娃。

"好了，"她说，"我们走。"

她转过身，带着我走进了巷子。我隐隐约约地闻到了大蒜的味道。我看到她的毛线衫下面藏着什么东西。这里的路不仅坑坑洼洼，而且还很滑。我滑了一下，大喊她的名字。"贝弗莉——"

她一把抓住我，用一只胳膊搂住了我的肩膀。她很强壮：她承受住了我的重量，还让我保持了稳定。我试着想象安德鲁独自在公寓等我们的模样。我不知道他是否一个人待过这么久。他在我脑海的形象已经发生了变化，过去，他在我心里一直是个成熟的男人，现在他就像是一个13岁

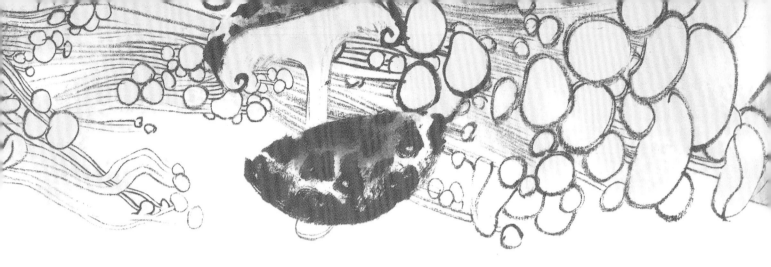

的毛头小子。我幻想着他躺在贝弗莉那张软床上的样子，我意识到安德鲁永远看不清事物真实的模样，他只能看到他想看到的东西。

我们经过几只垃圾桶，来到了一扇大铁门前。她嘘了一声，然后把背包递给了我。背包没我想的那么重。我朝里面瞄了一眼，里面是一个巨大的锡纸包。我把它拿了出来，凑到鼻子前闻了闻。我从来没闻到过这种味道：它混杂了泥土、烂叶子和肉的味道，还洋溢着新婚夫妻睡过的床单味。我闭上眼睛，又吸了一口气：这是欲望、怀旧和母乳的味道。我不由自主地流下了泪水，我紧紧地抱住了这个袋子。

"里面是上等的云耳。很不错吧？"

我睁开了眼睛。她已经脱掉了毛线衫，并把它丢到了一个垃圾桶上。她穿着一件黑色 T 恤。她孔武有力的手臂露在外面，你可以看到手臂上一根根蓝色的血管。我想摸摸她的血管。安德鲁摸过她的血管吗？我刚抬起手，她就转过身子，在门上踢了一脚。门开了，我紧紧地把袋子抱在怀里，跟着她冲了进去。

"靠后站。"她回过头对我说。我环视了一圈，发现我们身处一个"咔嗒"作响的厨房里。这里灯火通明，四处都是冒着热气的巨型蒸锅。几个男人一边下厨，一边抽着烟。他们身边堆着各种蔬菜和拔完毛的禽类。她从腰间掏出了什么。原来她藏着一把枪。她用枪指着最近的一个厨师。他的香烟掉了下去，掉在了一堆下水模样的东西里。

"贝弗莉。"他用奇怪的语调说道。我看到他浑身抖个不停。他的手里握着一个瓶子，瓶子的商标上画着一只开口大笑的虾。

她握着枪，在厨房里走了一圈。

"好了，朋友们，"她说，"你们知道我为什么会来这里。我知道罗伊叔叔比我先来一步，我不想把事情弄僵。"

他们都点了点头。

厨房里很热，我的衣服渐渐地被汗水浸湿。我肩膀上的外套变得越来越重了。

贝弗莉继续说道："我上次来的时候，那个捣鬼的年轻洗碗工叫什么？"

"海因里希·姚。"离我们最近的那个厨师说。

我的头越来越晕。我脱掉外套，把它扔在了地上。

"好啊，这个海因里希·姚胆子不小。"贝弗莉的红唇看起来剧毒无比。"这么想讨好自己的老板。"贝弗莉晃了晃枪，"你们不想和海因里希一个下场吧？"

厨师们摇了摇头。贝弗莉用枪指了指厨房尽头。那里站着一个瘦高个厨师，他戴着一顶白帽子，手里抓着一把剁肉刀。

贝弗莉对他说："你不想做海因里希吧？"手枪瞄准着他的脑袋。他放下了剁肉刀。

"我要从这里走出去，穿过前面那扇门，"她用下巴指着前面的一扇铁门说，"谁也不要轻举妄动。你们继续干自

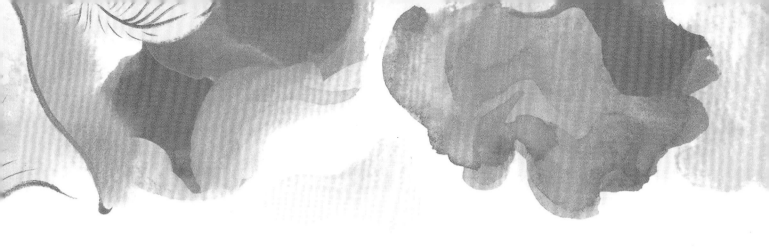

己的活。就像我从来没来过这里一样。"

她踩着洋葱皮、胡萝卜皮、油污和洗碗水走到了厨房尽头。就在我差点以为她忘了我的时候,她朝我说道:"你要跟上吗?"

我朝她走了过去。

"她和我是一起的。谁敢动她,谁就要倒霉。"她用枪把一只田鸡从木头案板上推了下去。田鸡四脚朝天地落在了地上。

穿过这些厨师和满屋子的热气时,我的额头、上嘴唇不住地冒着汗。我能感到这些人正在盯着我,他们的眼神里既有恐惧,也有好奇。一股电流在我的两耳之间振荡,这种感觉和那个美女医生给我插线时有点像。

我走到了贝弗莉身边,她抓住了我的手。

"准备好了吗?"

我根本不知道自己将要面对的是什么。"嗯。"

"包里有给你准备的东西。"她说。我把手伸进了包,在锡箔包下面翻来翻去。我摸到了什么:冷冰冰的金属,带着把手和扳机。我从来没摸过枪。

"你可能不会用到这个,"她一边说,一边把包拿了回去,"不过,你似乎已经做好了准备。"

我点了点头。

"还有,如果出了什么意外的话,"她捏了捏我的手,"你应对起来肯定比他强。"

"比谁强?"我一时没听明白这句话。她笑了笑,用膝盖顶开了门,带着我朝前走去。

饭厅里从地板到天花板都铺满了红色的天鹅绒。里面的大灯挂得很低,像是快要碰到餐桌一样。贝弗莉在我身边喘着粗气。一开始我以为饭厅里没有人,可顺着贝弗莉的目光我却发现尽头的桌子旁有好几个人。一个小个子的男人坐在那里,他的两边各站着一个彪形大汉。桌上放着三个黑色的碗。

天花板上的扩音器里传出了我在街上听到过的合成音乐声。我感到天旋地转,今晚到底发生了什么?难道河这边的时间也和那边不同吗?

"贝弗莉。"小个子男人开口了。他的手里抓着一个白色的勺子。"你还是这么性感,你肯定是想我了吧。"

"罗伊叔叔,"贝弗莉甜美地说道,"我以为我们已经说好了。"

他摇着头卷起了黑色丝绸衬衫的袖子,开始用勺子舀汤喝。

"我们不是说过,市面上只能有一种顶级云耳。那就是我的云耳。"贝弗莉说。

面条从罗伊叔叔稀疏的小胡子下面滑进了他的嘴里。那两个大汉也吃了起来。

"罗伊叔叔。"贝弗莉朝前走了几步。那两个大汉一边用筷子吃着面,一边注视着她的一举一动。音乐声突然停了

下来，然后又开始从头播放。"你肯定还没忘记那次我们玩拉米牌的事，罗伊叔叔，我从你手里赢了老城市场和老城广场。你发誓说不想再看到更多人流血。"

罗伊叔叔把勺子放进碗里，搅拌了起来。隔着这么远，我还能闻到碗里飘出的香气：这是天赐的珍馐，这种味道和贝弗莉包里的东西很像，不过要更浓，更丰富。我垂涎欲滴。他用勺子抿了一口汤。"这季节的云耳真是太好了，从这碗汤里就能知道。见到你我很高兴。快走吧，辣妹。"

她又挥着枪往前走了几步。我也跟着她朝前走，我的心怦怦直跳，抓着枪的手里全是汗。

那两个大汉站了起来。他们穿着的红色绸缎西装和墙上的红色天鹅绒仿佛融成一体。他们从桌子下面掏出了两把枪，我们的枪还不到他们的一半大。

"哈哈，别冲动，小伙子们，没事的。贝弗莉不会惹什么麻烦的。快坐吧，把饭吃完再说。"罗伊叔叔扯了扯他们的衣角。他们放下枪，坐了下来，用勺子开始喝汤。

贝弗莉用手背摸了摸我的脸颊。"罗伊叔叔，我以为你是个讲信用的人。"她一边说，一边继续朝前走了几步。

"贝弗莉宝贝，我的确是个讲信用的人。你还记得我们关系不错的时候吗？那时候我们常在一起看西部片。你还记得那部讲五个牛仔和山区农民的片子吗？里面有个镶着金牙、穿着鹿皮衬衫的牛仔，我一直想到他说的关于荣誉的话：有时你得靠偷猎一头牛才能养活一个村子的人。"我听到了贝弗莉的喘息声。"这话是不是很有道理？"罗伊叔叔

打了个响指。

"听好了，你这个骗子，"贝弗莉说，"别插手我的生意。你根本就不是为了养活什么人，你只想坐地起价。你知道我袋子里的云耳比你的强多了。我在这里的朋友从来不惹麻烦。"

"骗子不过是个概念而已，"罗伊叔叔打着响指说，"你说对吗，贝弗莉的朋友？"

这话是对我说的。我吓得浑身发抖，同时，我有点受宠若惊。我用尽全力，握住了手里的枪。

"是这样吧，小伙子们？"

两个大汉放下勺子，笑了笑。

我瞥了一眼贝弗莉。她的膝盖也在打战，她的眼里也流露出了迟疑的神色。

罗伊叔叔朝她眨了眨眼睛。"不好意思，宝贝。"他又打了个响指。

电光石火间，那两个大汉站了起来，朝她猛打了一轮子弹。贝弗莉倒在我身边。我扔掉枪，跪在了地上。

我虽然才没认识她多久，可在此之前我已经无数次地听过她的名字，自从安德鲁在博物馆的木乃伊前认识她起，自从安德鲁在睡梦里呼喊她的名字起。可安德鲁究竟是谁？

她流出的血很快就渗进了脚下的红色地毯里。地毯里的鲜血看起来和水没什么不同。

我握住了她的手。我看了看罗伊叔叔的桌子，那几个碗都已经打翻了，面条撒在漆质的桌面上。一团白色的、亮晶

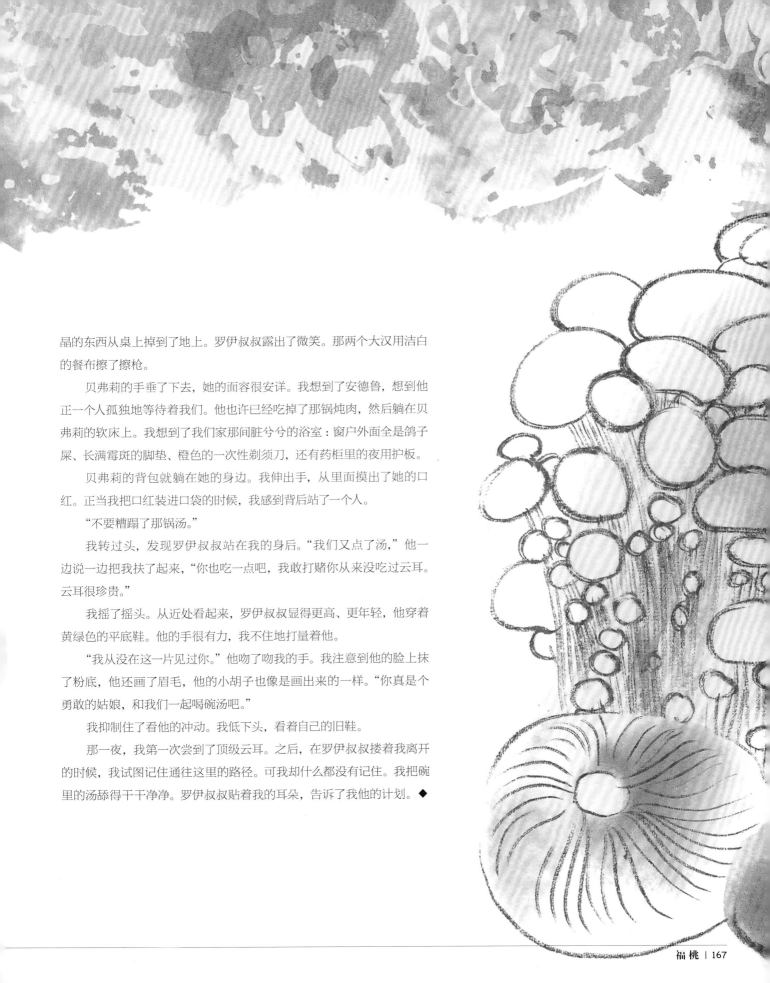

晶的东西从桌上掉到了地上。罗伊叔叔露出了微笑。那两个大汉用洁白的餐布擦了擦枪。

贝弗莉的手垂了下去，她的面容很安详。我想到了安德鲁，想到他正一个人孤独地等待着我们。他也许已经吃掉了那锅炖肉，然后躺在贝弗莉的软床上。我想到了我们家那间脏兮兮的浴室：窗户外面全是鸽子屎、长满霉斑的脚垫、橙色的一次性剃须刀，还有药柜里的夜用护板。

贝弗莉的背包就躺在她的身边。我伸出手，从里面摸出了她的口红。正当我把口红装进口袋的时候，我感到背后站了一个人。

"不要糟蹋了那锅汤。"

我转过头，发现罗伊叔叔站在我的身后。"我们又点了汤，"他一边说一边把我扶了起来，"你也吃一点吧，我敢打赌你从来没吃过云耳。云耳很珍贵。"

我摇了摇头。从近处看起来，罗伊叔叔显得更高、更年轻，他穿着黄绿色的平底鞋。他的手很有力，我不住地打量着他。

"我从没在这一片见过你。"他吻了吻我的手。我注意到他的脸上抹了粉底，他还画了眉毛，他的小胡子也像是画出来的一样。"你真是个勇敢的姑娘，和我们一起喝碗汤吧。"

我抑制住了看他的冲动。我低下头，看着自己的旧鞋。

那一夜，我第一次尝到了顶级云耳。之后，在罗伊叔叔搂着我离开的时候，我试图记住通往这里的路径。可我却什么都没有记住。我把碗里的汤舔得干干净净。罗伊叔叔贴着我的耳朵，告诉了我他的计划。◆

《干杯》1998 年 10 月号
返校购物季专刊

古巴的广东

哈瓦那是万国建筑的博览公园。不过，我最喜欢的却是哈瓦那中央区。这里曾是一个商业街区，如今，这里的商业建筑大多已经改建成了民宅。

哈瓦那中央区的主要街道是意大利街。这里到处都是有着柱廊的商店，这些柱廊是人们躲避午后大暴雨的好地方。如今，大半商店已然歇业，商店的玻璃也都是脏兮兮的。这里有全世界仅剩的一家沃尔沃斯超市。它的面积很大，粉色的外墙却已经被污物和尾气搞得灰头土脸。透过大门，你可以看到一长排玻璃柜台，里面放着各式商品。其中有袜子、瓜雅贝拉衬衣、塑料桶和厕纸。厕纸在这里很金贵。你去上公共厕所的时候，门口护士模样的女性管理员一次只会给你发一张厕纸。

意大利街北边的房子原来也是一家商场。现今，它已经被改建成了派对圣地。它隔壁的商店里只有一个脏兮兮的柜台，这是一家配给商店。一块画着格子的黑板上列着 16 种可以用票据购买的商品，其中包括牛奶（只供 6 岁以下的儿童食用）、洗衣液、浴液、咖啡和糖。黑板最上方用特大的字体写着三种商品的名字：大米、黑豆和炸猪皮卷。这三样东西能做出古巴人的主食——黑豆炸猪皮饭。根据烹饪时间的不同和炸猪皮用量的不同，这道菜的外观和味道都会有所差异。因此，没有两个厨师会做出相同的黑豆炸猪皮饭。

意大利街的南端是一条狭窄的小巷。这是哈瓦那仅存的唐人街。小巷的入口是一道用绿砖砌成的中式拱门，上面装饰着几个汉字。小巷两边各有十家餐馆。它们中的大多数售卖的是盖着猪肉、鸡肉酱汁的米饭。这些米饭大多只卖一美元左右，这些廉价的美食和真正的亚洲菜几乎没什么相似之处。这里虽然也有几家叫着中文名的餐馆，它们都设有露天座，卖着以猪肉、鸡肉、薯条为主的古巴菜。这些菜看起来根本没受到亚洲菜的影响。不过，街道的南边还有几家餐馆，它们的名字包括泰隆和金色月光，这些餐馆里售卖的是正宗的中餐。那里还有一家武馆，一家华人福利社和两爿肉铺。配给肉铺一天只出一次货，人们必须挥着票据排着长队才能买到肉。而这两爿肉铺收的却是现金，里面的肉类种类也十分丰富。

第一批来到古巴的华人移民都是藤条切割工。到了 1920 年，古巴一共有 100000 名华人。他们中的绝大多数都在几经辗转之后来到了哈瓦那，并与当地的拉美裔古巴人、非洲裔古巴人通婚。如今，中国血统最纯种的女人往往会穿着绿色连衣裙，站在餐馆门口招揽顾客。两个这样的女人把我们从一个小花园领进了金色月光。金色月光的面积很小，里面只有四张桌子和一个装着软垫的吧台。借着昏暗的灯光，我们可以看到远处的窗子上装着中式窗帘。菜单上一共只有 5 道菜，每道菜都可以选用鸡肉、牛肉、猪肉或是虾来制作。虽然这里装潢简陋，不过这里的菜倒是出奇地好。这是我在古巴吃过的饭里最好吃的一顿。

将鱼排和蔬菜混炒就能做出鱼杂碎（3 美元）。有趣的是，这道菜里完全没有任何中国原料，却体现了粤菜的精髓。这道菜用的不是白菜和豆芽，而是切成小块的包心菜。厨师将包心菜片白灼成松垂状。这道菜里没有酱油，用的是带咸味的肉汁。菜里也没有姜，厨师用大蒜和大量青洋葱将这道菜做得香气扑鼻。里面的鱼排是煎制的，其他原料则都是蒸制的（也许食用油在这里过于昂贵）。这使得整道菜十分清口。鸡肉炒面用的也是差不多的原料，不过里面的面是意面。粤菜通过这种方式在哈瓦那百年长青，这不得不让人惊叹。◆